煤炭地下气化地质选区评价及大型三维模拟测试技术

——鄂尔多斯盆地深部煤层UCG开发前景初评

苏发强　著

中国矿业大学出版社
·徐州·

内 容 提 要

本书在实验室试验的基础上，提出一种基于过程实时监测及评价的有效的煤炭地下气化（UCG）方案。在UCG过程中，煤层内燃空区的移动演化所伴随的煤体裂纹的产生和扩展是直接影响气化效率和安全性的重要因素，高效环保的煤炭地下气化系统依赖对地下气化区的精确控制和评价；本书针对提出的方案，给出了控制和评价方法。

本书适于作为煤炭气化工程、安全工程、矿业工程等相关领域研究人员的参考书，也可作为煤炭气化工程、安全工程、矿业工程技术人员自学、培训用书。

图书在版编目（CIP）数据

煤炭地下气化地质选区评价及大型三维模拟测试技术 ：鄂尔多斯盆地深部煤层UCG开发前景初评 / 苏发强著. 徐州 ：中国矿业大学出版社，2024. 10. — ISBN 978-7-5646-6472-5

Ⅰ. TD844

中国国家版本馆CIP数据核字第2024N555Z1号

书　　名　煤炭地下气化地质选区评价及大型三维模拟测试技术
——鄂尔多斯盆地深部煤层UCG开发前景初评

著　　者　苏发强

责任编辑　耿东锋　满建康

出版发行　中国矿业大学出版社有限责任公司
（江苏省徐州市解放南路　邮编221008）

营销热线　(0516)83885370　83884103

出版服务　(0516)83995789　83884920

网　　址　http://www.cumtp.com　**E-mail**：cumtpvip@cumtp.com

印　　刷　江苏淮阴新华印务有限公司

开　　本　787 mm×1092 mm　1/16　**印张** 8　**字数** 205千字

版次印次　2024年10月第1版　2024年10月第1次印刷

定　　价　32.00元

前　言

鄂尔多斯盆地位于华北地台西部，作为我国第二大沉积盆地，横跨陕西省、山西省、甘肃省、宁夏回族自治区和内蒙古自治区，总面积约 $3.3\times10^{5}\ km^{2}$，是油气和煤炭资源储集的理想盆地，其中杭锦旗研究区面积 $9.805\times10^{3}\ km^{2}$。据统计，延安组各小段主要煤层埋深小于 1 000 m 的资源量为 4.83×10^{10} t，埋深在 1 000～1 500 m 之间的资源量为 3.87×10^{10} t，埋深在 1 500～2 000 m 之间的煤炭资源量为 1.07×10^{10} t，总资源量为 9.77×10^{10} t。杭锦旗干旱少雨，十年九旱，年年春旱。全旗降水量由东向西递减，多年平均降水量 245 mm，降水量的 60％集中在夏季的 7—9 月，多年平均蒸发量 2 720 mm，相对湿度 49％，干燥度 1.98。风速一般较大，年平均风速 3.0 m/s，一般春季多见，最大风速达 28.7 m/s，并伴随沙尘暴天气。平均无霜期 155 d，多年土壤冻结深度 1.5 m。使用传统方式进行煤炭开采难度较大，急需一种新型的煤矿资源利用方式。

煤炭地下气化（underground coal gasification，UCG）被誉为煤炭工业的革命。UCG 可以提供更安全的能源供应，并可以减少温室气体排放。这是一种在地下煤层中构造气化炉的技术，通过使煤发生与地表气化炉相似的化学反应，将煤原位转化成主要成分为可燃气体的合成气。换句话说，UCG 是一种应用于不能开采煤层以及开采不经济煤层的气化工艺，采用从地表钻取的注入井和生产井，收集热能及氢气和甲烷等气体。

本书在实验室试验的基础上，提出一种基于过程实时监测及评价的有效的煤炭地下气化方案。在 UCG 过程中，煤层内燃空区的移动演化所伴随的煤体裂纹的产生和扩展是直接影响气化效率和安全性的重要因素。高效环保的煤炭地下气化系统依赖对地下气化区的精确控制和评价。

由于时间仓促及水平所限，书中不足之处在所难免，恳请读者批评指正。

著　者

2024 年 6 月

目　录

第1章 概 述

1.1 煤炭地下气化简介

煤炭地下气化(underground coal gasification,简称 UCG)就是将处于地下的煤炭直接进行有控制地燃烧,通过对煤的热作用及化学作用产生可燃气体的过程。该过程集建井、采煤、地面气化三大工艺于一体,把煤的开采和转化相结合,变传统的物理采煤为化学采煤,省去了庞大的煤炭开采、运输、分选、气化等工艺的设备,因而具有安全性好、投资少、效益高、污染少等优点,深受世界各国的重视,被誉为第二代采煤方法。在 1979 年联合国世界煤炭远景会议上就明确指出,发展煤炭地下气化是世界煤炭开采的研究方向之一,是从根本上解决传统开采方法存在的一系列技术和环境问题的重要途径。

煤炭地下气化不仅可以回收老矿井遗弃的煤炭资源,而且可以用于开采井工方法难以开采的或开采经济性、安全性差的薄煤层、深部煤层和"三下"压煤,以及高硫、高灰、高瓦斯煤层等。煤炭地下气化过程燃烧的灰渣留在地下,大大减少了地表塌陷量,无固体物质排放,同时降低了对地表的环境破坏。地下气化出口煤气可以集中净化,脱除其中的焦油、硫和粉尘等有害物,从而得到洁净的煤气。该煤气不仅可以作为燃料用于民用、发电(包括联合循环发电)、工业锅炉燃烧,而且还可以作为原料气生产合成氨、甲醇、二甲醚、汽油、柴油等或用于提取纯氢。因此,煤炭地下气化技术将环境保护的重点放在源头,而非末端治理,是一项符合可持续发展需要的环境友好的绿色技术,并且具有显著的经济效益和社会效益,是我国洁净煤技术发展的重要领域。

煤炭地下气化的基本原理,与一般煤炭气化一样,是把煤炭的固体有机物通过热力和化学作用变为可燃气体,其区别在于这种变化过程在地下进行,而不需要把煤炭开采出来。煤炭无氧加热,只能使煤炭有机物在高温下热解为挥发物——煤气和焦油蒸气。这种部分气化法,仅可能获取少量的煤炭热能。剩余留下的焦炭和灰这两种主要成分组成的焦渣,采用氧和水蒸气对其在高温下进行化学处理,使可燃固体变成可燃气体。气化过程煤质分子的变化,可简要表述如下。

(1) 煤质大分子周围的活性官能团,以挥发分的形式脱去,某些交联键断裂,氢化芳烃裂解并挥发析出,形成烃类轻质气体。氢化芳烃还可以转化成附加的芳香部分,芳香部分转化成小的碳微晶,碳微晶聚积形成煤焦,该过程与煤热解工艺相类似。

(2) 在脱挥发分过程中,生成活性的、不稳定的碳氢化合物,它们可以与周围气体作用而气化,也可以失活而形成煤焦。

(3) 析出的挥发分与气相 O_2、$H_2O(g)$、H_2 等作用生成 CO、H_2 和 CH_4。

(4) 由碳微晶形成煤焦,可以气化成煤气,也可以进一步缩聚成焦炭。

煤炭地下气化就是在地下煤层中实现上述四个步骤而产生可燃气体的过程。这一过程在地下气化炉的气化通道中由三个反应区域来实现，即氧化区、还原区和干馏干燥区，如图 1-1 所示。

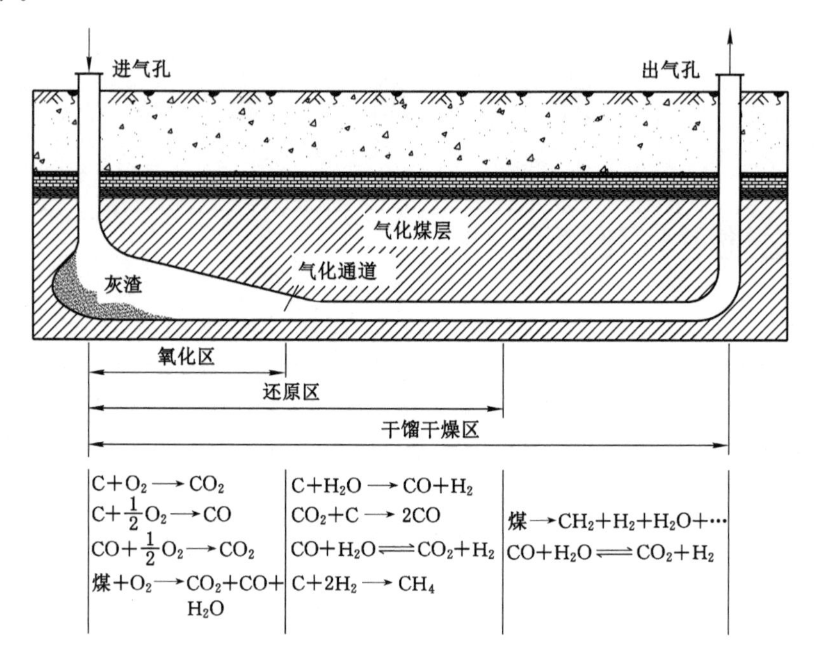

图 1-1　煤炭地下气化原理图

在氧化区中，主要是气化剂中的氧与煤层中的碳发生多相化学反应，产生大量的热，使附近煤层炽热，产生高温温度场。在还原区中，主要反应为 CO_2、$H_2O(g)$ 和炽热的碳相遇，在足够高的温度下，CO_2 还原成 CO，H_2O 分解为 H_2 和 CO。还原反应为吸热反应，该吸热反应使气化通道温度降低，当温度降低到不能再进行上述还原反应时，还原区结束。但此时气流温度还相当高，热作用使煤热分解，而析出干馏煤气，此区域称为干馏干燥区。经过这三个反应区后，就形成了含有可燃组分主要是 CO、H_2、CH_4 的煤气。

在上述各反应区中，对出口煤气组分和热值有影响的化学反应如下：

$$C+O_2 \longrightarrow CO_2$$
$$C+CO_2 \longrightarrow 2CO$$
$$C+H_2O(g) \longrightarrow CO+H_2$$
$$C+2H_2 \longrightarrow CH_4$$
$$CO+H_2O(g) \longrightarrow CO_2+H_2$$
$$2C+O_2 \longrightarrow 2CO$$
$$2CO+O_2 \longrightarrow 2CO_2$$
$$C+2H_2O(g) \longrightarrow CO_2+2H_2$$
$$2H_2+O_2 \longrightarrow 2H_2O$$
$$CO+3H_2 \longrightarrow CH_4+H_2O$$
$$2CO+2H_2 \longrightarrow CH_4+CO_2$$
$$CO_2+4H_2 \longrightarrow CH_4+2H_2O$$

$$2C+2H_2O \longrightarrow CH_4+CO_2$$

尽管这些反应可能会同时发生，但并不是所有反应都是相互独立的，其中一些反应可以通过某些独立反应的代数组合(将多个反应的产物进行组合，形成新的产物或反应)而得。

1.2 煤炭地下气化国内外研究的发展

1.2.1 国外煤炭地下气化研究

1868年，德国化学家威廉·西蒙斯首先提出了“煤炭地下气化技术”的设想。1888年俄国著名化学家门捷列夫提出煤炭地下气化的基本工艺设想，他认为，“采煤的目的应当说是提取煤中含能的成分，而不是采煤本身”，并指出了实现煤炭气化工业化的基本途径。1912年，英国化学家威廉·拉赛姆主持在拉姆煤田进行了现场试验，获得成功。这一成功，被列宁誉为“一个技术上的伟大胜利”。1932年在顿巴斯建立了世界上第一座有井式气化站。欧美国家及日本在20世纪40年代开始，相继进行了煤炭地下气化技术试验研究。

1.2.1.1 苏联

苏联是地下气化工业应用成功的唯一国家。1932年在顿巴斯矿建立了世界上第一座有井式气化站。为探讨气化方法，1932—1961年又相继建设十余座地下气化站，其总产量如图1-2所示。

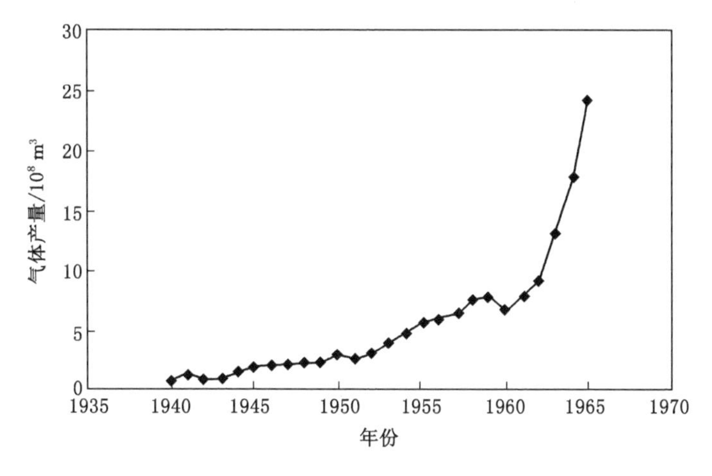

图1-2　苏联煤炭地下气化取得的成果

到20世纪60年代末已建站12座，所生产的煤气用于发电或作为工业燃料气。苏联煤地下气化技术的发展大致经历了如下三个阶段。

1933—1935年，在莫斯科郊区和顿巴斯煤田进行了9次用粉碎过的煤地下气化试验，其工艺方法的不同在于疏松煤层和制造煤的气化工作层的方法不同：第一种是预先在煤层中埋设炸药然后在地表引爆(费德洛夫法)；第二种是以煤的燃烧和高温引爆炸药(基里欣柯法)；第三种是将煤从地下挖出来，粉碎后重新填入后进行气化(库兹涅佐夫法)。以上这些有井式的气化需要大量井下作业，因要事先疏松煤层，方法比较复杂，不可能长期稳定生产。

1943—1946年，在莫斯科近郊煤田开始了小规模工业气化生产，煤气供离莫斯科40 km的杜拉布锅炉用气。苏联在这一阶段共建成27个气化炉、10个试验站。煤气主要用于锅炉用气，发电及从煤气中提炼硫、硫代硫酸盐。

1957 年后的大规模发展阶段，将莫斯科城郊、里希查、南阿宾斯克三个站的煤气生产量提高了 60%。之后又完成了沙特斯特、安格林、卡敏斯克的建站任务，煤气量如下：1957 年为 3.31 亿 m^3/a；1958 年为 14.91 亿 m^3/a；1959 年为 11.61 亿 m^3/a；1960 年为 3.65 亿 m^3/a。扩大南阿宾斯克站产量，从 1958 年的 3.7 亿 m^3/a 到 1959 年的 12 亿 m^3/a，进行了副产品硫、硫代硫酸盐、氰的生产。

苏联煤炭地下气化技术，走过了 60 年的历程，应该说，苏联煤炭地下气化工艺技术已基本过关，达到了工业生产水平，特别是利用这种煤气发电，生产正常稳定，取得了很好的经济效益和社会效益。苏联主要煤炭地下气化情况见表 1-1。

表 1-1　苏联主要煤炭地下气化情况

指标		利西昌斯克	南阿宾斯克	莫斯科近郊	莫斯科近郊萨茨克	安格连斯克
建站时间		1948 年	1955 年	1940 年	1950 年	1961 年
煤种		烟煤	烟煤	褐煤	褐煤	褐煤
煤层厚度/m		0.4～2.0	1.8～9.0	0.95～4.55	2～4	2～22
赋存深度/m		60～350	50～300	45～60	45～60	120～250
倾角/(°)		0～60	55～70	0	0	5～12
煤质/%	水分	14.5	8	30	30	35
	灰分	7.9	9	34.3	26	12.2
	挥发分	39	32.3	44.5	38.1	33
气化剂		空气、氧气	空气	空气	空气	空气
产气量/(Mm^3/a)		100～149	68～730	460	600	2 350
运行时间		—	1955—2014 年	1946—1963 年	1963—1966 年	1957—2014 年
热值及使用		热值 800～1 000 $kcal/m^3$	供半径 15～20 km 的工厂使用	热值 760～860 $kcal/m^3$，注入蒸汽时热值 1 750 $kcal/m^3$	供 120 MW 透平机发电	供 5 km 以外的发电厂发电，仍在工作

注：1 cal=4.184 J。

1.2.1.2　美国

美国于 1946 年首先在亚拉巴马州的浅部煤层进行试验，利用有井式施工方案，采用空气、水蒸气、富氧空气等不同气化剂进行试验，所产煤气热值为 0.9～5.4 MJ/m^3。20 世纪 70 年代，因能源危机，美国组织了 29 所大学和研究机构，在怀俄明州开展了大规模有计划的试验，进行了以富氧水蒸气为气化剂的试验，获得了管道煤气和天然气的代用品并用于发电和制备 NH_3。1987—1988 年完成的洛基山-1 号试验，获得了加大炉型、提高生产能力、降低成本、提高煤气热值等方面的成果，为煤炭地下气化技术走向商业化道路创造了条件。政府资助项目集中于两种工艺类型，即受控注入点后退气化工艺(CRIP)及急倾斜煤层法(SDB)。

1972—1979 年，美国能源部拉勒米能源技术中心在怀俄明州进行地下气化试验。气化煤层厚 9 m，深度为 49～122 m。首次采用反向燃烧法，注入空气，气化煤炭15 741 t，所产煤气热值为 4.0～6.6 MJ/m^3。1987—1988 年，劳伦斯利弗莫尔国家实验室采用 CRIP 工艺在汉那进行试验，获得成功。

美国劳伦斯利弗莫尔国家实验室 1976 年开始研究 UCG，在模拟研究和实验室研究的基础上，1976—1979 年在怀俄明州进行了 6 次现场试验，先后采用爆炸破碎、反向燃烧和定向钻孔贯通技术，注入空气和氧/蒸汽。这些试验除爆炸破碎效果不佳外，煤气热值都超过 4 MJ/m^3，最高达 10.3 MJ/m^3，但都出现冒顶、漏气和水流入等问题。为解决这些问题、提高气化效率，该实验室研究开发出受控注入点后退气化工艺(CRIP)。

1979—1981 年，Gulf(谷孚)研究与发展公司在怀俄明州的一个急倾斜煤层进行地下气化试验。气化煤层厚 7 m，倾角为 63°，深度为 30 m，以钻孔贯通。试验分 3 个阶段进行。

第一阶段注空气，所产煤气热值为 5.9 MJ/m^3；第二阶段注氧气，所产煤气热值为 9.8 MJ/m^3；第一、第二阶段的注入压力为 485～795 kPa；第三阶段注氧气，最大压力提高到 1 100 kPa，所产煤气热值为 12.9 MJ/m^3，有 19 天平均达到 14 MJ/m^3。累计气化煤炭 7 766 t。这是美国最成功的一次地下气化试验。

1983 年，劳伦斯利弗莫尔国家试验室在美国华盛顿州森特雷利亚附近的煤矿进行首次全规模现场试验。气化煤层厚度为 11 m，气化上部的 6 m，煤质为高灰分(20%)、低渗透性次烟煤。试验历时 30 天，开始注入空气和蒸汽，第 14 天注入氧和蒸汽，气化煤量为 1 814 t，所产煤气热值 9.5 MJ/m^3。CRIP 工艺的最大优点是气化过程能够有效地得到控制。CRIP 工艺的另一个突出优点是产气量大，还有可能回收因发生大冒顶而从旁路逸出的煤气。CRIP 工艺的主要缺点是点火操作比较复杂。

1.2.1.3 英国

英国自 1912 年在中断相关试验 30 多年后于 1949 年恢复试验。截止到 1956 年，英国先后共进行过 6 次试验。曾进行了 U 型炉火力、电力和定向钻进贯通试验及单炉、盲孔炉等试验，积累了丰富的资料。曾用有井式盲孔炉组成复合炉，一次气化煤炭 20 万 t，煤气直接用于一个 500 kW 的电厂发电。当时英国计划用地下气化技术开采 1 000 m 以下的深部煤炭和海底煤炭资源。1988 年起英国参与了欧共体在西班牙进行的联合试验，该试验于 1998 年 12 月完成。在此基础上，英国在 1999 年 67 号能源报告中提出了其地下煤气化战略。

1999 年，英国贸易与工业部(DTI)发表能源白皮书，后在苏格兰福斯湾试点。2004 年发表蓝皮书，总结 UCG 在英国的可行性，并以政府文件的形式提出 CO_2的俘获、利用、储存的概念。2005 年 DTI 又发表了有关发展碳消除技术的文件，2006 年发表了福斯弯的研究结果，2009 年在英国海岸四周批准了五个点开展 UCG 试验。

这 5 个位置是：第一个在北诺福克区(North Norfolk)风景区的科洛莫(Cromo)(伦敦东北沿海湿地)，历时两年，完成了地震测量，2014 年开始商业运作。第二个是在斯旺西(Swansea)湾(英国威尔士南部一海港)，地质条件好。其他三个地点是格林姆斯比(Grimsby)、桑德兰(Sunderland)近海和苏格兰索尔威(Solway)湾。这五个点的储量加起来足以供英国十年以上的需要。

1.2.1.4 波兰

早在1949年波兰就与比利时、法国合作,在比利时索哥德矿进行了煤炭地下气化试验。1955年开始进行有井式地下气化试验,实践证明,用有井式气化工艺,以富氧气体鼓风,可稳定得到热值高达8.3 MJ/m^3的煤气,化学利用系数达70%。

1.2.1.5 比利时

比利时和联邦德国于1976年10月签订了关于共同开发煤炭地下气化技术的协定,并建立了煤炭地下气化试验室,其主要目标是1 000 m以下深部煤层的气化。从1979年起在图林进行了现场试验,对约870 m深的煤层进行了高压气化,所得煤气用于发电。

试验气化煤层厚度为4 m,深度为860 m。1978—1980年打了4个钻孔,呈星形布置,2号孔居中,1、3、4号孔沿圆周布置,与2号孔相距35 m。第一阶段采用反向燃烧法进行贯通试验,由1号孔注入高压空气,最大压力260 bar(1 bar=10^5 Pa)。由于地层压力高达200 bar,煤层刚被烧通,周围煤体即在高压作用下产生蠕动,将通道封死,孔底附近的煤层发生自燃,试验失败。1983年改用小曲率半径定向钻进技术进行贯通试验。1986年定向钻孔顺利完成。气化试验采用CRIP工艺,为适应深部煤层,对此工艺做了一些修改。

1.2.1.6 西班牙

1988年,6个欧共体成员国组建欧洲煤炭地下气化工作组,进行欧洲典型煤层地下气化可行性的商业规模示范研究。项目选定西班牙特鲁埃尔矿区中等深度煤层进行现场试验。该项目实施时间7年3个月,从1991年10月到1998年12月。气化煤层厚约2 m,深度为500~700 m,硫分高达7.26%。采用CRIP工艺,用潜孔钻机进行小半径定向钻进,注入孔和生产孔相距150 m,注入管和点火器与图林项目基本相同,在地面用特制的滚筒使其在注入孔内移位。气化试验从1997年6月底开始,共进行3次(即注入点后退3次),到10月初结束。气化剂采用氧和水。气化过程中对气化剂流量、产气孔压力、煤气流量和组分等进行监测和分析。根据参与气化的元素质量平衡测量气化煤量、煤气损失量和地下水涌入量,用示踪气体氦监测煤层空穴的扩展动态。气化试验完成后,在地面钻孔并取芯,勘测气化空穴的形状和气化残留物。

1.2.1.7 澳大利亚

澳大利亚从事煤炭地下气化研究的公司有多个。1999—2006年,Linc Energy公司在昆士兰的第一个UCG半商业化项目取得成功。2006年后,Carbon Energy公司和Cougar Energy公司也分别开展了煤炭地下气化试验。澳大利亚开展煤层地下气化的试验点如图1-3所示。

1.2.2 国内煤炭地下气化研究

我国煤炭地下气化试验研究主要在20世纪80年代以后。目前已由实验室试验研究、现场试验研究逐步转向工业示范生产应用,气化工艺分为有井式和无井式。自1984年以来,中国矿业大学继承和发展了苏联的“通道鼓风式”地下气化,形成了“长通道、大阶段、两阶段”的地下气化工艺,并且在徐州新河二号井,唐山刘庄矿,新汶孙村矿、鄂庄矿,肥城曹庄矿,山西昔阳矿等进行了多次的现场试验,获得多项国家专利。

1985年,中国矿业大学在徐州马庄矿遗弃煤柱中进行了现场试验,由此提出了适用于我国矿井煤炭地下气化的“长通道、大断面、两阶段”地下气化新工艺,之后先后用于徐州新河二号井、河北唐山刘庄煤矿煤炭地下气化工业性试验。2000年以后“长通道、大断面”煤

图 1-3 澳大利亚 UCG 项目现场图

炭地下气化新工艺又先后在多地得到了验证，技术日趋成熟。

自 1999 年以来，中国矿业大学在总结国内外地下气化研究实践的基础上，探索和发展了欧美的"受控注气法"地下气化工艺路线，并结合我国煤层地质条件和开采工艺特点，提出并实践了"煤炭地下导控气化开采"新技术。该工艺以导控燃烧理论为依据，采用条带炉导流燃控技术、炉体围岩稳定性和密闭性岩控技术、燃空区清洁处理污控技术、隔离墙安控技术等，对地下气化过程的火焰工作面推进位态进行有效导引控制，确保"烧旺、烧稳、烧透、烧准"，使得地下燃烧蔓延的方向路径可导、强度位态可控，达到产气热值高、稳定性强并可规模化生产的效果。

2007 年，新奥集团投资组建乌兰察布新奥气化采煤技术有限公司，与中国矿业大学和乌兹别克斯坦安格连斯克气化站共同开展"无井式煤炭地下气化试验项目"研究。同年 10 月，我国首套日产煤气 15 万 m^3 的无井式煤炭地下气化试验系统和生产系统一次点火成功。该试验现场已具备供热、发电、生产化工原料的能力，取得了一批创新性研究成果，申报了 9 项专利。这项研究创新地构建了"L 型后退面扩展"的全新结构地下气化炉，创造性地开发了气化通道贯通技术、气化通道疏通技术和无井式气化，造气成本仅为地面气化造气的 40%左右。

1.2.2.1 有井式气化工艺

1. 长通道、大断面、两阶段气化工艺

(1) 江苏徐州马庄矿煤炭地下气化试验

1987 年完成了江苏省"七五"重点攻关项目——徐州马庄矿煤炭地下气化现场试验。试验进行了 3 个月，产气 16 万 m^3，煤气平均热值为 4.2 MJ/m^3，试验表明，在矿井遗弃煤层中进行地下气化是可行的，安全是有保障的。煤层条件为急倾斜煤层(65°)，厚度为 3 m 左右，在该矿东部深度为 130 m 左右。地面上钻进进、出气孔共两个，辅助孔三个(间距各为 8 m)，进、出气孔孔底之间的距离为 30 m，地面进、出气孔的距离为 40 m。如图 1-4 所示。

(2) 河北唐山刘庄矿煤炭地下气化工业性试验

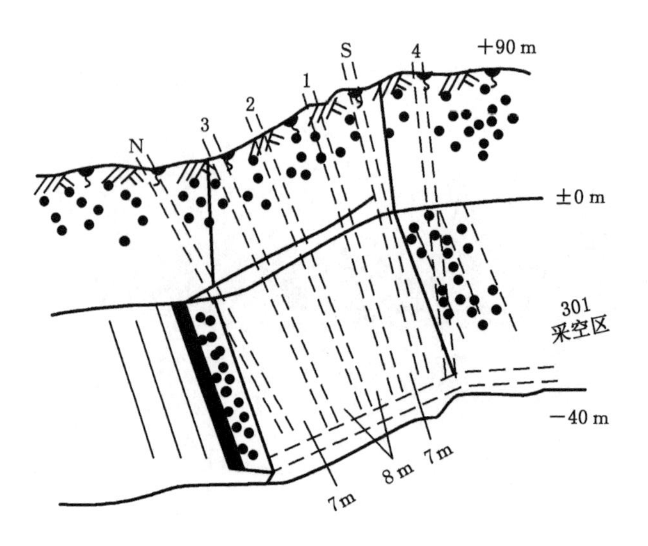

图 1-4　马庄矿无井式地下气化炉示意图

1996年5月开展河北省重点科技项目——唐山刘庄煤矿煤炭地下气化工业性试验。该试验设置了两个气化炉，气化炉建在刘庄矿安全煤柱中。该项目在实施“长通道、大断面”煤炭地下气化新工艺的同时，采用压抽结合、边气化边填充、燃空区探测等保障措施，构成了较完善的生产工艺体系，可保证在气化炉工况变化多的情况下，稳定生产空气煤气，基本达到了按热值要求均衡、稳定、连续产气（供气）的目标。

（3）山东新汶地下气化试验

山东新汶孙村矿地下气化工程于2000年4月30日点火投入试验，经过1年多的试验生产，成功地为1万多户居民和蒸汽锅炉连续提供燃气，并进行了400 kW小型内燃机发电试验。该项目利用“长通道、大断面”气化技术，在中国缓倾斜、厚度2 m以下煤层中首次试验成功，水煤气热值稳定在7～11 MJ/m^3之间。

鄂庄气化站1#气化炉采用一炉五孔结构，对煤体进行了松动，增加了蓄热室。煤层平均厚度为1.6 m；2#气化炉采用一炉三孔结构，采用富氧气化工艺，日产气量50 000 m^3，供陶瓷厂用。

（4）山东肥城曹庄矿复式炉地下气化试验

山东肥城曹庄煤复式炉地下气化试验于2001年9月1日点火，煤种为气肥煤，含硫高达3.5%以上，双层薄煤层（厚度分别为0.6 m和1.6 m），倾角为7°～8°。煤气热值为998.18～1 399.37 kcal/m^3。主要组分为H_2：12.02%，CO：2.63%，CH_4：12.1%，CO_2：26.2%，O_2：1.69%，N_2：45.3%。单台炉日产气量约3.5万m^3。

（5）山西昔阳无烟煤地下气化示范工程

山西昔阳无烟煤地下气化联产6万t合成氨示范工程于2001年10月21日点火，煤层厚度为6 m，属缓倾斜煤层（12°以下）。煤气热值为800～1 200 kcal/m^3。主要组分为H_2：12.0%，CO：27.5%，CH_4：1.7%，CO_2：2.8%，O_2：0.2%，N_2：55.8%，空气煤气日产量达12万m^3。

2. 矿井气化法

（1）黑龙江依兰煤矿地下气化试验

黑龙江依兰煤矿地下气化试验于1997年9月点火，煤种为长焰煤，煤层厚为5.8 m，埋深为59.5 m，倾角为17°。气化工作面斜长40 m，走向长度15 m，巷道断面积4 m^2。煤气的平均热值为1 194 kcal/m^3，主要组分为H_2：10%，CO：7%～9%，CH_4：6%～8%，CO_2：12%～14%，O_2：1.5%，N_2：56%～63%，日产煤气量为17.28万m^3。试验130天，其中标准操作30天，煤气未利用。

该试验是在有通风、排水、运输和提升系统的斜井煤层内直接生产煤气。

（2）鹤壁一矿地下气化试验

鹤壁一矿地下气化试验于1998年5月开始，1998年12月结束。煤种为瘦煤，埋深为162～185 m，煤层倾角为26°，煤层平均厚度为8.02 m。煤气的平均热值为1 322 kcal/m^3，主要组分为H_2：16.0%，CO：21.3% ，CH_4：2.8%，CO_2：10.34%，O_2：1.4%，N_2：48.2%。日气化煤炭20 t，连续运行4个月。

（3）义马北露天矿地下气化试验

义马北露天矿地下气化试验于1998年8月开始，煤种为长焰煤，埋深为60 m，煤层厚度为8 m，煤层倾角为13°。煤气平均热值为1 110 kcal/m^3，主要组分为H_2：7.5%，CO：20.4%，CH_4：3.8%，CO_2：10%，O_2：0.7%，N_2：57%。

（4）新密下庄河煤矿地下气化试验

新密下庄河煤矿地下气化试验于1999年11月点火，2000年8月结束。煤种为贫煤，煤层厚度为6 m，倾角为8°～12°。分别进行了空气、水蒸气、氧气为气化剂的试验，煤气热值分别达到了：空气1 110 kcal/m^3，水蒸气1 290 kcal/m^3，氧气2 480 kcal/m^3。

3. 矿井导控法

1999年以来，我国在多年的地下气化研究实践的基础上，探索和发展了欧美的“受控注气式”地下气化路线，并结合我国煤层地质条件和采煤工艺特点，提出并实践了“煤炭地下导控气化开采”新技术。该工艺技术的特点是，根据流动燃烧耦合原理，采用条带虚底炉型、导流注气系统和微震火探装置等新技术，对地下气化过程的燃烧蔓延速度矢量场进行有效的导向控制，确保“牵着火的鼻子走”，并且“烧旺、烧稳、烧透、烧准”，使得地下燃烧蔓延的方向路径可导、强度位态可控，达到产气热值高、稳定性强并可规模化生产的效果。该技术先后在重庆中梁山北矿和甘肃华亭矿区两地煤炭地下气化项目中得到了采用，并取得了圆满成功。

（1）重庆中梁山北矿

2005年，中国矿业大学完成了重庆中梁山北矿的“高瓦斯高硫煤层地下导控气化综合开采新技术试验”项目。根据传递-反应-结构耦合矢量燃烧原理，首次采用条带虚底羽状炉型、智能导控注气和微震火探系统等新技术，对地下气化过程的燃烧波蔓延速度矢量场进行有效的导向控制，使得地下燃烧蔓延的方向路径可导、强度位态可控，达到产气热值高、稳定性强并可规模化生产的效果。所生产的富烧煤气热值达12.50 MJ/Nm^3（标准立方米）以上，产气过程连续稳定，解决了国内外传统地下气化工艺的老问题，形成了具有产业化推广应用前景的“煤炭地下导控气化开采”新工艺。

（2）甘肃华亭安口煤矿

2010年，由华亭煤业集团有限责任公司与中国矿业大学合作完成的“滞留煤有井式综合导控法地下气化及低碳发电工业性试验研究”项目在甘肃省华亭县安口镇运行了近半年时间,试验项目最终取得了圆满成功。甘肃华亭矿区地下残留着 6 亿多吨滞留煤,资源量大、分布广,但由于地质条件复杂,传统的重型机械设备采煤方式难以高产高效回收利用。

2010 年 5 月初项目成功点火产气,日产煤气 16 万 Nm^3,水煤气热值超过 2 400 kcal,并且配套电站运行工况良好。2010 年 11 月,在甘肃省科学技术厅组织并主持下,以中国工程院彭苏萍院士为主任委员的鉴定委员会一致认为,该项目在地下煤层燃烧高效稳态蔓延导引控制技术方面达到了国际领先水平,在国内首次采用深冷空分制氧设备装备于地下的气化工艺,以 99.6%纯氧与水蒸气配合制备气化剂,生产出热值 9.0 MJ/Nm^3以上的中热值煤气,能作为发电的原料气。该项目虽是 UCG 绿色开采与燃气发电技术的工业性试验,但它具备了大中型气化矿井的产业示范规模,打通了整个生产工艺路径,实现了生产系统装置配套,将为真正的产业化打下了扎实的基础。

1.2.2.2 无井式 CRIP 气化工艺

2007 年 4 月,乌兰察布弓沟煤矿开始进行气化现场试验系统建设,2009 年 6 月成功产气发电。日产气量达到 30 万 m^3,累计发电超过 470 万 kW·h。该技术已实现空气和富氧二氧化碳连续稳定气化,2# 气化炉实现 30 个月连续生产,气化炉产气规模可调,单炉产能可达到 50 万 m^3/d 以上,煤气热值根据产品用途的不同在 800~1 950 kcal/Nm^3 可调,煤炭能量转化效率达到 60%。内蒙古乌兰察布地下气化项目如图 1-5 所示。

图 1-5 内蒙古乌兰察布地下气化项目

乌兰察布煤炭气化试验结果显示,在空气及 35%低浓度富氧气化条件下,煤气热值达到 1 000~1 350 kcal/Nm^3,单工作面平均日产低热值煤气 22 万 Nm^3,波动范围为－14.5%～＋11.5%;在(氧气＋二氧化碳)富氧气化条件下,煤气热值达到 1 700～2 000 kcal/Nm^3,单工作面平均日产合成气 12 万 Nm^3,波动范围为－12.7%～＋14.5%,合成气有效气成分(H_2＋CO＋CH_4)大于 46%。

2015 年 5 月 13 日,科技部组织专家对 863 计划先进能源技术领域“煤炭地下气化产业化关键技术”主题项目“煤炭地下气化过程稳定控制工艺”课题进行了验收,经专家组质询和充分讨论,一致同意该课题通过技术验收。

第 2 章　鄂尔多斯研究区煤炭资源综合评价

2.1　地理位置

鄂尔多斯盆地位于华北地台西部，作为我国第二大沉积盆地横跨陕西省、山西省、甘肃省、宁夏回族自治区和内蒙古自治区，总面积约 33 万 km^2，是油气和煤炭资源储集的理想盆地，其中杭锦旗研究区面积约为 9 805 km^2。

杭锦旗地处包头至银川之间，包兰铁路途经杭锦旗，并设杭锦旗站。109 国道、110 国道、荣乌高速、沿黄一级公路、丹拉高速公路纵贯东西，旗级六大干线公路全部完成黑色化改造，总里程达 727 km。境内有浮桥两座，初步形成了以锡尼镇为中心纵贯南北、连接东西、水旱相通的交通网络。

2.2　地形地貌

杭锦旗地处鄂尔多斯高原的西北部，地势南高北低、东高西低。境内地形地貌由黄河冲积平原、沙地沙漠、波状高平原和砂岩丘陵镶嵌排列，具有明显的带状分布规律：北部是黄河南岸的冲积平原，平均宽度约 10 km，地势平坦，海拔为 1 012～1 080 m，西高东低，杭锦淖尔隆茂营村毛不拉格孔兑沟入黄河处为杭锦旗最低点，海拔为 1 012 m。地质结构为陷落地堑盆地，为厚层细砂及黏土状的第四纪洪积-冲积-湖积物覆盖，厚度达数百米。中北部是横跨全旗的库布齐沙漠，境内东西长 180 km，南北宽 40～70 km，面积为 7 668.50 km^2，占全旗土地总面积的 40.54%，海拔为 1 040～1 360 m，西高东低，风沙地貌十分发育，形成以新月型沙丘链、沙垄和蜂窝状沙丘为主的浩瀚的沙漠景观。伏沙为风积物、残积物堆积，沙丘多就地形成，沙源来自下伏物质就地吹扬风积而成，其次是邻近地区的风积物。库布齐沙漠以南的中南部地区是波状高平原和丘陵地带，丘陵分布在东西两端，中部为波状高平原，海拔一般为 1 068～1 619.5 m，东西两端的丘陵区侵蚀、切割强烈，水土流失严重。东部丘陵区塔然高勒乡境内的乌兰补拉格海拔 1 619.5 m，是杭锦旗的最高点；东南部为毛乌素沙地边缘，海拔为 1 193～1 550 m，以固定和半固定沙丘为主，流动沙丘很少。沙丘形态以新月型沙丘和新月型沙丘链为主。库布齐沙漠起源于西部，横亘东西，将全旗分为北部沿河区、南部梁外区。梁外位于库布齐沙漠、毛乌素沙漠的中间地带，属于荒漠、半荒漠草原，以草原、天然林保护区为主，草原辽阔；沿河紧靠黄河南岸，属东西狭长的黄河冲积平原，地势平坦、水源充沛、土壤肥沃。

2.3 气象、水文资料

杭锦旗气候特征属于典型的中温带半干旱高原大陆性气候，太阳辐射强烈，日照较丰富，干燥少雨，蒸发量大，风大沙多，无霜期短，十月初上冻，次年四月解冻，四季冷热多变，冬季漫长寒冷，夏季炎热短暂，春季回暖升温快，秋季气温下降显著。全年大部分时间受西伯利亚及蒙古高原气流控制，年平均气温6.8 ℃，冬季严寒而漫长，1月份平均气温−11.8 ℃，极端低温达−32 ℃；夏季温热而短暂，7月份平均气温22.1 ℃，极端高温为38.7 ℃；受地形影响，气温自东向西递减。多年平均日照时间为3 193 h。

杭锦旗干旱少雨，十年九旱，年年春旱。全旗降水量由东向西递减，多年平均降水量为245 mm，降水量的60%集中在夏季的7—9月，多年平均蒸发量为2 720 mm，相对湿度为49%，干燥度为1.98。风速一般较大，年平均风速为3.0 m/s，一般春季多见，最大风速达28.7 m/s，并伴随沙尘暴天气。平均无霜期为155 d，多年土壤冻结深度为1.5 m。

2.3.1 外流水系

1. 毛不拉孔兑

毛不拉孔兑流域发源于锡尼镇锡尼布拉格嘎查，流经锡尼镇和杭锦淖尔乡，于杭锦淖尔乡隆茂营村北入黄河。流经地段多属丘陵地形，地面坡度较陡，植被稀疏，水土流失严重。主沟穿越库布齐沙漠，泥沙含量大，洪灾频发。毛不拉孔兑流域呈羽型，流域总面积1 260.7 km^2，在杭锦旗内为1 201.7 km^2，其中丘陵沟壑区752.7 km^2，中游流经库布齐沙漠带面积为425.8 km^2，下游平原区面积为82.20 km^2。主沟长110.9 km，平均比降4.3‰，多年平均地表径流量为2 859×10^4 m^3，最大洪峰流量为5 600 m^3/s，多年平均输沙量为2.1×10^6 t。其侵蚀模数由南部丘陵沟壑区7 000 t/(km^2·a)过渡到中北部库布齐沙漠带5 000 t/(km^2·a)。杭锦旗境内毛不拉孔兑流域由13条支沟流域构成，干流两侧分别为7条和6条，其中支沟流域大于50 km^2的有5条，它们分别是格点盖沟、霍吉太沟、塔拉沟、亚什图沟和另一侧注入干流的苏达尔沟。

2. 巴拉贡沟

巴拉贡沟源于巴拉贡镇巴音恩格尔地区的格斯谷努拉南，流经巴拉贡镇，由巴拉贡镇西侧注入黄河。主沟长27.2 km，流域面积70.4 km^2，属于季节性河流，多年平均径流量为2.323×10^5 m^3，平均比降12‰，坡面坡度陡，植被稀疏。由于降雨稀少，洪水过后，沟内干涸。

3. 朝凯沟

朝凯沟发源于巴拉贡镇巴音恩格尔地区尚代庙，流经巴拉贡镇，穿越黄河南岸总干渠15 km处汇入黄河，流域呈条形，流域面积177.6 km，主沟长30.25 km，属于季节性河流，汛期短时产生洪水，平时干枯，多年平均径流量为5.36×10^5 m^3，平均比降15‰，产生洪水时易造成灾害。

4. 其他沟壑

除上述外流（黄河）水系，还有一些小沟，也属于外流水系。如沙素沟、磨石沟、狼嚎沟，总计流域面积273 km^2，多为丘陵山区，洪水过后，沟即干涸。

2.3.2 内流水系

1. 摩林河

摩林河发源于伊和乌素苏木夏哈图泉流，流向呈东南西北向，流经苏木全境，消失于西北的库布齐沙漠之中。流经范围包括境内的夭斯图，浩绕柴达木苏木一部分，巴音恩格尔地区大部分，流域面积 5 220 km^2，主沟长 81 km，多年平均径流量 1.93×10^8 m^3。河底平均比降 1.1‰，含沙量小，年输沙量 8.4×10^4 t，地表径流容易控制，有利用价值。

2. 陶赖沟

陶赖沟发源于锡尼镇阿斯尔嘎查油房梁，流经锡尼镇、伊和乌素苏木，最后由伊和乌素苏木汇入盐海子，主沟长 83.8 km，平均比降 3.3‰，流域面积 905.23 km^2，多年平均径流量 3.62×10^6 m^3，基流量 1.45×10^6 m^3。

3. 叶力摆沟

叶力摆沟流经锡尼镇、杭锦淖尔村，流域面积 119.58 km^2，主沟长 29.7 km，平均比降 5.5‰。流域内沙化严重，径流时间短，无水时间长，多年平均径流量 4.783×10^5 m^3。

4. 五斯图河

五斯图河流经锡尼镇、杭锦淖尔乡，流域面积 84.5 km^2，主沟长 16.35 km，平均比降 4.6‰。流域内沙化严重，径流时间短，无水时间长，多年平均径流量 3.366×10^5 m^3。

5. 扎克待河

扎克待河发源于锡尼镇南乌兰素，流域面积 381.02 km^2，呈扇形，主河长 16.25 km，平均比降 1.8‰，多年平均径流量 1.52×10^6 m^3，经沼泽汇入红海子，多在 7、8、9 月汛期有水。

6. 汗哥岱河

汗哥岱河发源于杭锦淖尔村的道劳乌苏，流域面积 818 km^2，主河长 22.15 km，多年平均径流量 3.27×10^6 m^3，汛后干涸。

7. 乌加庙河

乌加庙河发源于巴拉贡镇巴音恩格尔地区巴汉图，流域面积 591.24 km^2，主河长 32.2 km，平均比降 7‰，多年平均径流量 1.95×10^6 m^3，汛期产生洪水，汛后干涸。

2.4 地质特征

2.4.1 区域地层

整个鄂尔多斯盆地的侏罗纪煤田，从盆地成因或盆地现存状态来说，三叠系上统延长组（T_3y）都是侏罗纪聚煤盆地和含煤地层的基底。根据以往工作的地质资料，区域地层由老至新有：三叠系上统延长组（T_3y），侏罗系下统富县组（J_1f），侏罗系中下统延安组（$J_{1-2}y$），侏罗系中统直罗组（J_2z）、安定组（J_2a），白垩系下统志丹群（K_1zh），新近系及第四系。区域地层特征详见表 2-1。

2.4.2 区域构造

杭锦旗构造位置位于盆地北部伊蒙隆起和伊陕斜坡过渡地带，构造上横跨鄂尔多斯盆地杭锦旗断阶、公卡汉凸起和伊陕斜坡三个构造单元（图2-1）。杭锦旗大地构造分区属华北地台鄂尔多斯台向斜东胜隆起区，位于东胜隆起区中部。华北地台经历了基底形成阶段

表 2-1　区域地层特征简表

界	系	统	组	厚度/m	岩性描述
新生界	第四系	全新统	Q_4	0～25	为湖泊相沉积层、冲积洪积层和风积层
		更新统	马兰组(Q_3m)	0～40	浅黄色含砂黄土，含钙质结核，具柱状节理。角度不整合于一切地层之上
	新近系	上新统	N_2	0～100	上部为红色、土黄色黏土及其胶结疏松的砂岩。下部为灰黄、棕红、绿黄色砂岩、砾岩，夹有砂岩透镜体。角度不整合于一切老地层之上
中生界	白垩系	下统	志丹群(K_1zh)	200～1 000	浅灰、灰绿、棕红、灰紫色泥岩、粉砂岩、砂质泥岩、细粒砂岩、中粒砂岩、粗粒砂岩、细砾岩、巨砾岩，中夹薄层钙质细粒砂岩。斜层理发育，下部常见大型斜层理。与下伏地层呈角度不整合接触
	侏罗系	中统	安定组(J_2a)	10～85	浅灰、灰绿、黄紫褐色泥岩、砂质泥岩、中粒砂岩。中含钙质结核
			直罗组(J_2z)	1～293	灰白、灰黄、灰绿、紫红色泥岩、砂质泥岩、细粒砂岩、中粒砂岩、粗粒砂岩。下部夹薄煤层或油页岩含1号煤组。与下伏地层呈平行不整合接触
		中下统	延安组($J_{1-2}y$)	78～299	灰～灰白色砂岩，深灰色、灰黑色砂质泥岩，泥岩和煤。含2、3、4、5、6、7号煤组。与下伏地层呈平行不整合接触
		下统	富县组(J_1f)	0～110	上部为浅黄、灰绿、紫红色泥岩，夹砂岩；下部以砂岩为主，局部为砂岩与泥岩互层，底部为浅黄色砾岩。与下伏地层呈平行不整合接触
	三叠系	上统	延长组(T_3y)	35～312	黄、灰绿、紫、灰黑色块状中粗粒砂岩，夹灰黑、灰绿色泥岩和煤线。与下伏地层呈平行不整合接触
		中统	二马营组(T_2er)	87～367	以灰绿色砂砾岩、砾岩、紫色泥岩、粉砂岩为主

和盖层稳定发展阶段之后，在晚三叠世末期开始进入地台活动阶段。在华北地台西部开始出现了继承性大型内陆拗陷型盆地——鄂尔多斯盆地，其构造形态总体为一宽缓的大向斜构造（台向斜），核部偏西，中部、东部广大地区基本为近水平的西倾单斜。东胜煤田基本构造形态为一向南西倾斜的单斜构造，岩层倾角 1°～3°，褶皱、断层不发育，但发育有宽缓的波状起伏，无岩浆岩侵入。

2.4.3　研究区地层

研究区地表大部被第四系地层覆盖，仅在沟谷两侧及较高的高包、高坡出露有白垩系下统志丹群(K_1zh)。区内钻孔揭露的地层由老至新依次有：三叠系上统延长组(T_3y)，侏罗系中下统延安组($J_{1-2}y$)及中统直罗组(J_2z)、安定组(J_2a)，白垩系下统志丹群(K_1zh)以及第四系(Q)。

1. 三叠系上统延长组(T_3y)

该组为煤系的沉积基底。据钻孔资料，岩性为一套灰绿色中-粗粒砂岩，局部含砾，夹绿

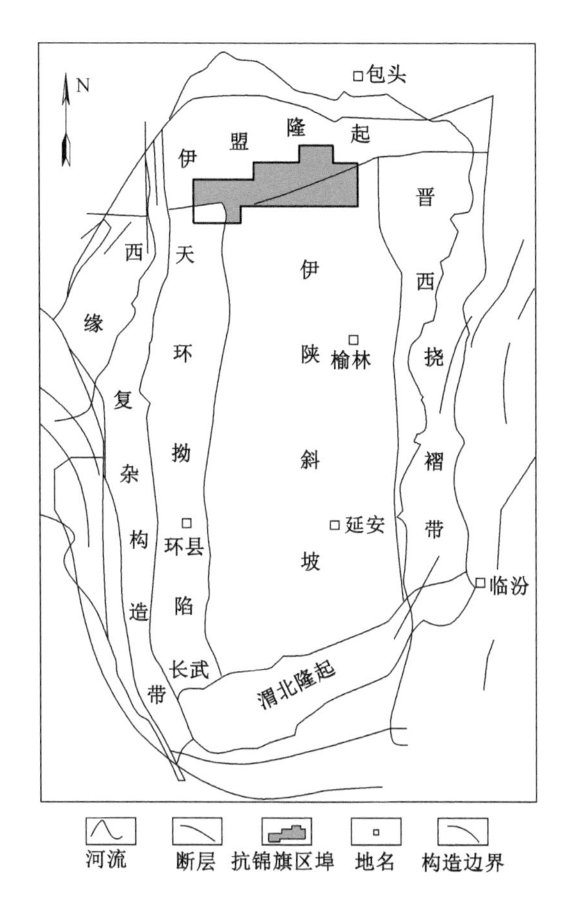

图 2-1　大地构造位置示意图

色薄层状砂质泥岩和粉砂岩。砂岩成分以石英、长石为主，含暗色矿物。普遍发育大型板状、槽状交错层理，是典型的曲流河沉积体系。

2. 侏罗系中下统延安组($J_{1-2}y$)

该组为本区的含煤地层，地表无出露。据钻孔资料，岩性主要由一套灰白色各粒级的砂岩，灰色、深灰色砂质泥岩、泥岩和煤层组成，发育水平层理及波状层理。含 2、3、4、5、6 等五个煤组。由于缺失侏罗系下统富县组(J_1f)沉积，与下伏地层延长组(T_3y)呈平行不整合接触。该组地层含较丰富的植物化石，但多为不完整的植物茎叶化石，未见完整的植物化石，难辨其种属。

3. 侏罗系中统直罗组(J_2z)

地表无出露，据钻孔揭露资料，岩性主要为一套紫红色、杂色砂质泥岩、泥岩与灰绿色、黄绿色粉砂岩互层。与下伏延安组($J_{1-2}y$)呈平行不整合接触。

4. 侏罗系中统安定组(J_2a)

地表无出露，据钻孔揭露资料，岩性主要为浅灰、灰蓝、灰绿、黄紫褐色泥岩、砂质泥岩、中粒砂岩。含钙质结核。与下伏侏罗系中统直罗组(J_2z)呈整合接触。

5. 白垩系下统志丹群(K_1zh)

勘查区内在大的沟谷两侧及较高的高包、高坡上有零星出露。其岩性下部以灰绿、浅红色、棕红色砾岩为主，上部为深红色泥岩、砂质泥岩、细砂岩、砾岩，具斜层理和大型交错层理。与下伏侏罗系中统安定组(J_2a)呈角度不整合接触。

6. 第四系(Q)

第四系(Q)地层按成因可分为黄土(Q_{3-4})、冲洪积物(Q_4^{al+pl})、残坡积物及风积沙(Q_4^{eol})。

黄土(Q_{3-4})在区内大面积分布。岩性为浅黄色风积黄土，柱状节理发育，含粉砂及钙质结核。

冲洪积物(Q_4^{al+pl})分布于枝状沟谷谷底，由砾石、冲洪积砂及黏土混杂堆积而成。

风积沙(Q_4^{eol})在本区零星分布。岩性以风积粉、细砂为主。

第四系地层厚度变化较大，据钻孔资料，一般为0.25～26.89 m。角度不整合于一切老地层之上。

2.4.4 含煤地层

研究区含煤地层为侏罗系中下统延安组($J_{1-2}y$)。地表未出露，全区钻孔均可见到。该组地层为一套陆源碎屑沉积，岩性主要为灰白色、浅灰色粗、中、细粒长石石英砂岩、岩屑长石砂岩，次为灰、灰黑色粉砂岩、砂质泥岩、泥岩、炭质泥岩及煤层。含2、3、4、5、6等五个煤组，含煤20余层。地层厚度175.80～367.17 m，平均为248.67 m。按照沉积旋回和岩性组合特征，可划分为三个岩段。

1. 延安组第一段($J_{1-2}y_1$)

该段由延安组底界至5煤组顶板砂岩底界。岩性底部以灰白色中粗粒石英砂岩为主，局部地段含砾，该砂岩分选好，石英含量高，为区域对比标志层；中上部为灰白色砂岩与深灰色粉砂岩、砂质泥岩互层，含有5、6两个煤组和大量植物化石碎片，具有透镜状层理和水平纹理，含可采煤层3层(5-1、5-2、6-2)。该岩段厚度为17.46～156.95 m，平均为63.17 m。由于缺失侏罗系下统富县组(J_1f)，与下伏三叠系上统延长组(T_3y)呈平行不整合接触。

2. 延安组第二段($J_{1-2}y_2$)

其位于延安组中部，该岩段界线从5煤组顶板砂岩底界至3煤组顶板砂岩底界。岩性主要由灰白色中～细粒砂岩，灰色粉砂岩和深灰色砂质泥岩、泥岩及煤层组成，砂岩成分以石英为主，长石次之，含岩屑及白云母碎片，泥质填隙，发育有平行层理。含有3、4两个煤组，含可采煤层5层(3-1、3-2、4-1、4-2上、4-2)。局部含植物化石。该岩段地层厚度为72.65～141.85 m，平均为109.63 m。

3. 延安组第三段($J_{1-2}y_3$)

其位于延安组上部，该岩段界线从3煤组顶板砂岩底界至延安组顶界。岩性以灰白色细～粗粒砂岩为主，夹灰色、深灰色粉砂岩和砂质泥岩。砂岩成分以石英为主，长石次之，含岩屑及大量植物化石碎片。含2煤组，可采煤层5层(2-1、2-1下、2-2上、2-2、2-2下)。发育有平行层理和水平纹理。植物化石主要有网纹苏铁粉、膨胀凹边孢。该岩段地层厚度为30.73～129.79 m，平均为77.34 m。

2.4.5 含煤地层特征

杭锦旗含煤地层主要包括上古生界上石炭统-下二叠统太原组和山西组，以及中生界侏罗系中下统延安组。

太原组和山西组煤层埋深普遍大于 2 000 m，根据太原组和山西组煤层总厚等值线图(图 2-2)和各分层煤厚等值线图可以看出，太原组和山西组煤层总厚度较大，且在研究区中南部大范围赋存，研究区东南部存在煤层总厚度大于 20 m 的区域。在太原组和山西组所含单煤层中，太原组 6 号煤最为发育(图 2-3)，它是煤层中连续性最好且厚度最大的煤层。太原组 7 号煤层不发育，只在极个别井中显现(图 2-4)。山西组 4 号煤(图 2-5)和 5 号煤(图 2-6)较发育，但因山西组和太原组煤层埋深普遍大于 2 000 m，目前煤炭地下气化技术水平有限，不作为本次煤层对比研究和选区的重点。

本次研究工作重点聚焦于杭锦旗研究区侏罗系延安组的煤岩层对比和气化选区方面。

中下侏罗统延安组含煤地层是鄂尔多斯盆地煤炭资源开发的主力煤层，煤炭系统施工钻孔大部分位于研究区中浅部区域，是鄂尔多斯市煤炭规划和开发的重要区域。浅部位于研究区东北一带，勘查程度较高，部分达到勘探阶段的区域已经有煤矿区处于开发阶段，如北部的泊江海子矿，东部的色连二号井；研究区深部勘查程度较低，大部分处于预查阶段。本区也是中生界石油勘探开发的主要层系之一，延安组划分与对比特别是含油层(延 10～延 1 层)的划分与对比主要依据岩性和测井曲线等反映的标志层进行，即油田生产中长期应用的“标志层控制，旋回对比，厚度检测”方法。西安石油大学周凯等将鄂尔多斯盆地侏罗系下部地层依据岩性、沉积旋回、含油性及煤层发育特征将延安组划分为 5 段 10 个油层组(表 2-2)。

表 2-2　鄂尔多斯盆地侏罗系下部地层划分表

<table>
<tr><th colspan="3" rowspan="2">地层</th><th colspan="2" rowspan="2">油层组划分标准</th><th rowspan="2">油层组</th><th colspan="2">厚度/m</th></tr>
<tr><th>最小～最大</th><th>一般</th></tr>
<tr><td rowspan="11">延安群</td><td rowspan="11">延安组</td><td rowspan="3">第五段</td><td colspan="2" rowspan="3">次级旋回</td><td>延 1</td><td>9.5～52.0</td><td rowspan="2"></td></tr>
<tr><td>延 2</td><td rowspan="2">25.0～64.0</td></tr>
<tr><td>延 3</td><td></td></tr>
<tr><td rowspan="2">第四段</td><td colspan="2">次级旋回上段</td><td>延 4</td><td>6.0～49.0</td><td>15～25</td></tr>
<tr><td colspan="2">次级旋回下段</td><td>延 5</td><td>15.5～56.0</td><td>20～35</td></tr>
<tr><td rowspan="3">第三段</td><td rowspan="2">次级旋回</td><td>旋回上段</td><td>延 6</td><td>18.5～58.0</td><td>30～40</td></tr>
<tr><td>旋回下段</td><td>延 7</td><td>13.5～41.0</td><td>20～40</td></tr>
<tr><td colspan="2">次级旋回</td><td>延 8</td><td>17.5～67.5</td><td>35～45</td></tr>
<tr><td rowspan="2">第二段</td><td colspan="2">旋回上段</td><td>延 9</td><td>4.0～55.0</td><td>15～25</td></tr>
<tr><td colspan="2" rowspan="2">旋回下段</td><td>延 10</td><td>0～155.0</td><td></td></tr>
<tr><td>第一段</td><td></td><td></td><td></td></tr>
</table>

根据长江大学赵旖楠对鄂尔多斯盆地延安组主要露头剖面沉积相的研究，延安组在区域上有比较明显的对比标志，主要有底部延 10 段的宝塔山砂岩、中部延 8 段的裴庄砂岩、上部延 3 段的真武洞砂岩和煤层，以及延 6 段标志层(A 标志层)和延 9 段标志层(B 标志层)等(表 2-3)。

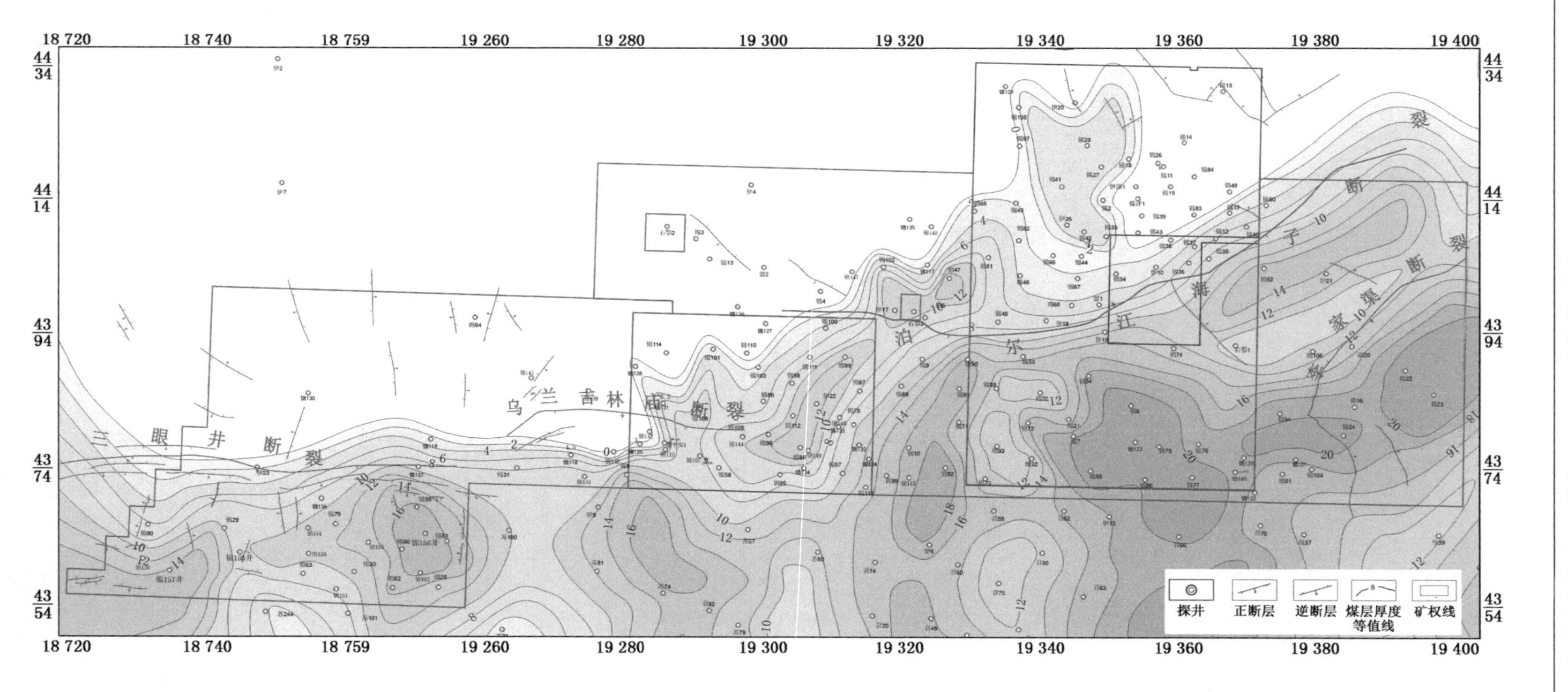

图 2-2 杭锦旗目标区太原组和山西组煤层总厚等值线图

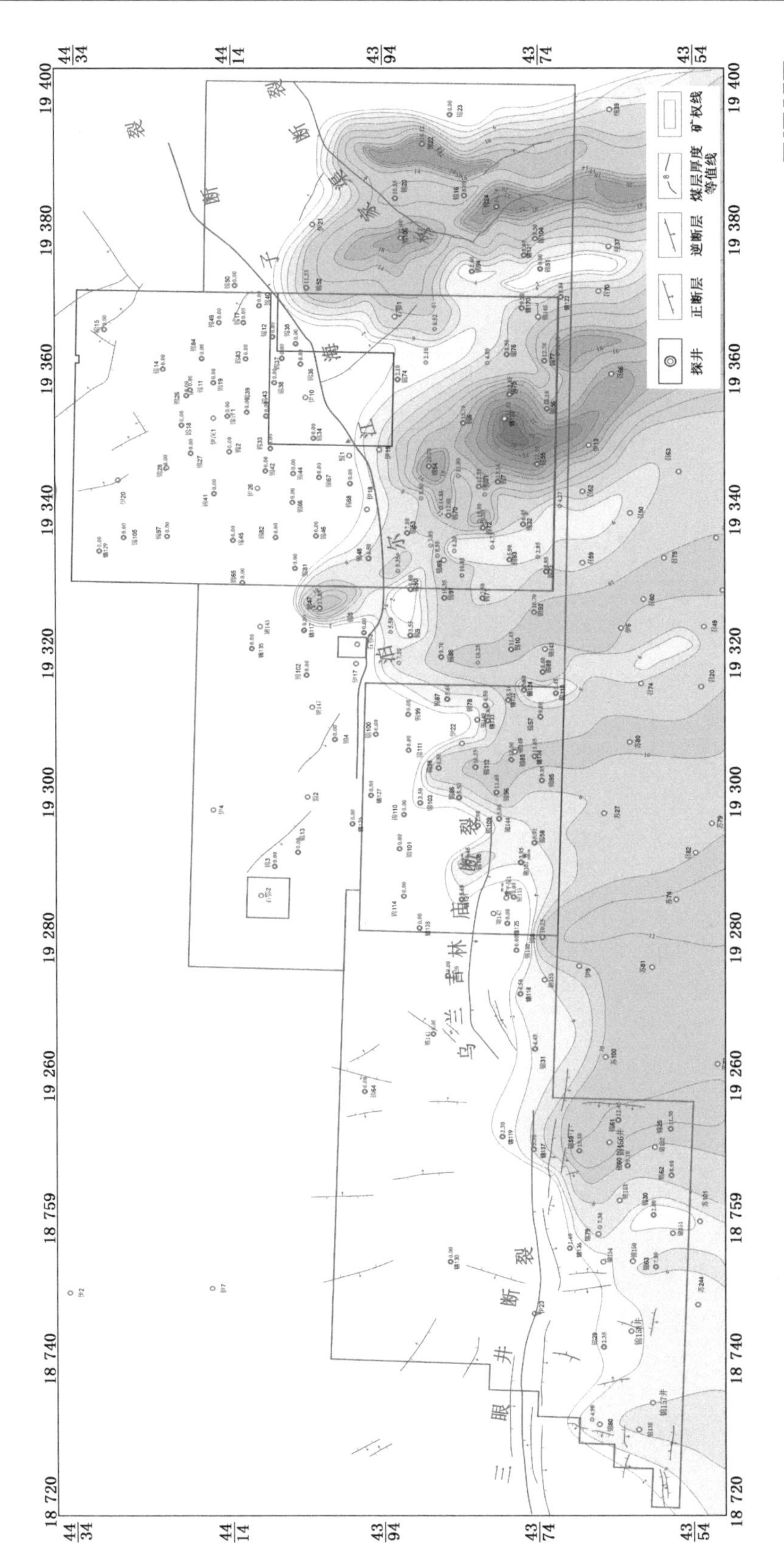

图 2-3　杭锦旗目标区太原组6号煤煤厚等值线图

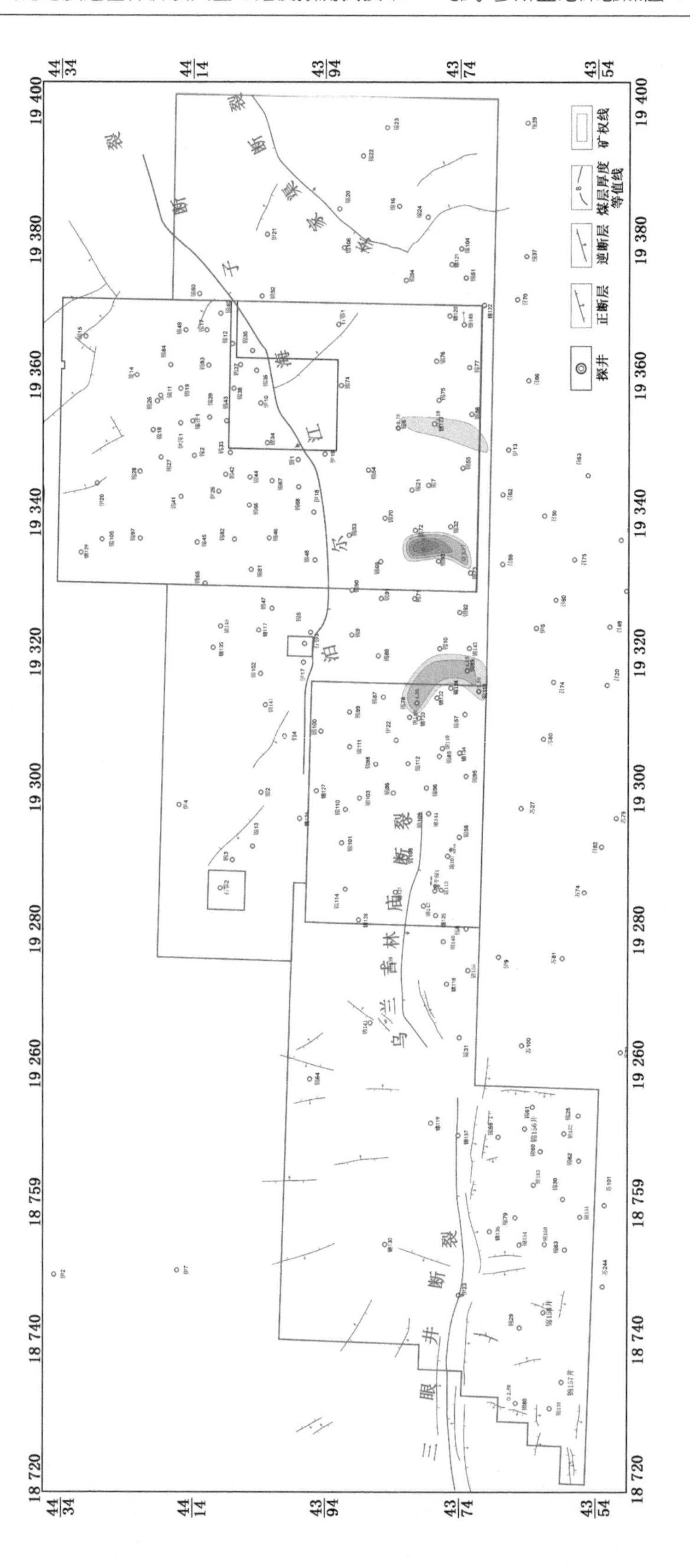

图 2-4　杭锦旗研究区太原组7号煤煤厚等值线图

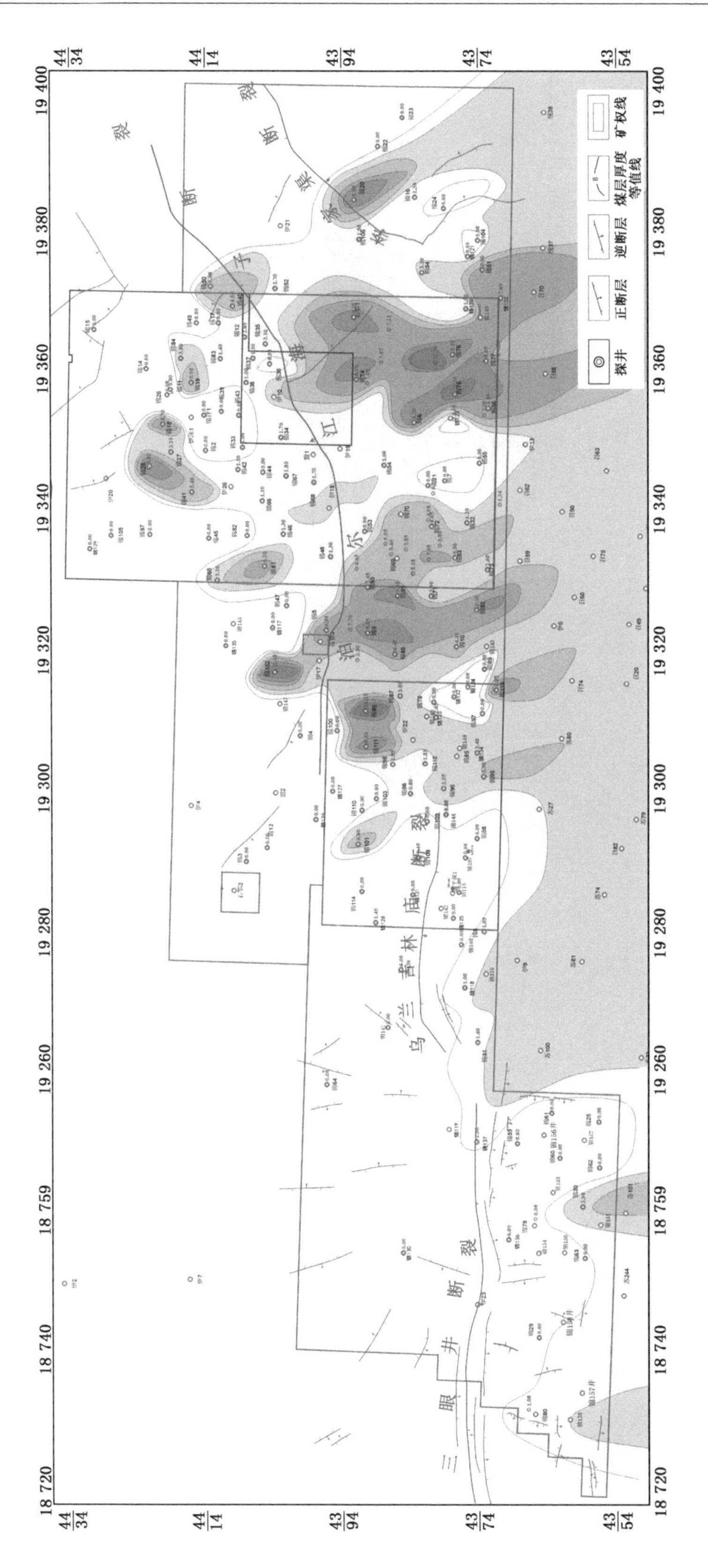

图 2-5　杭锦旗研究区山西组4号煤煤厚等值线图

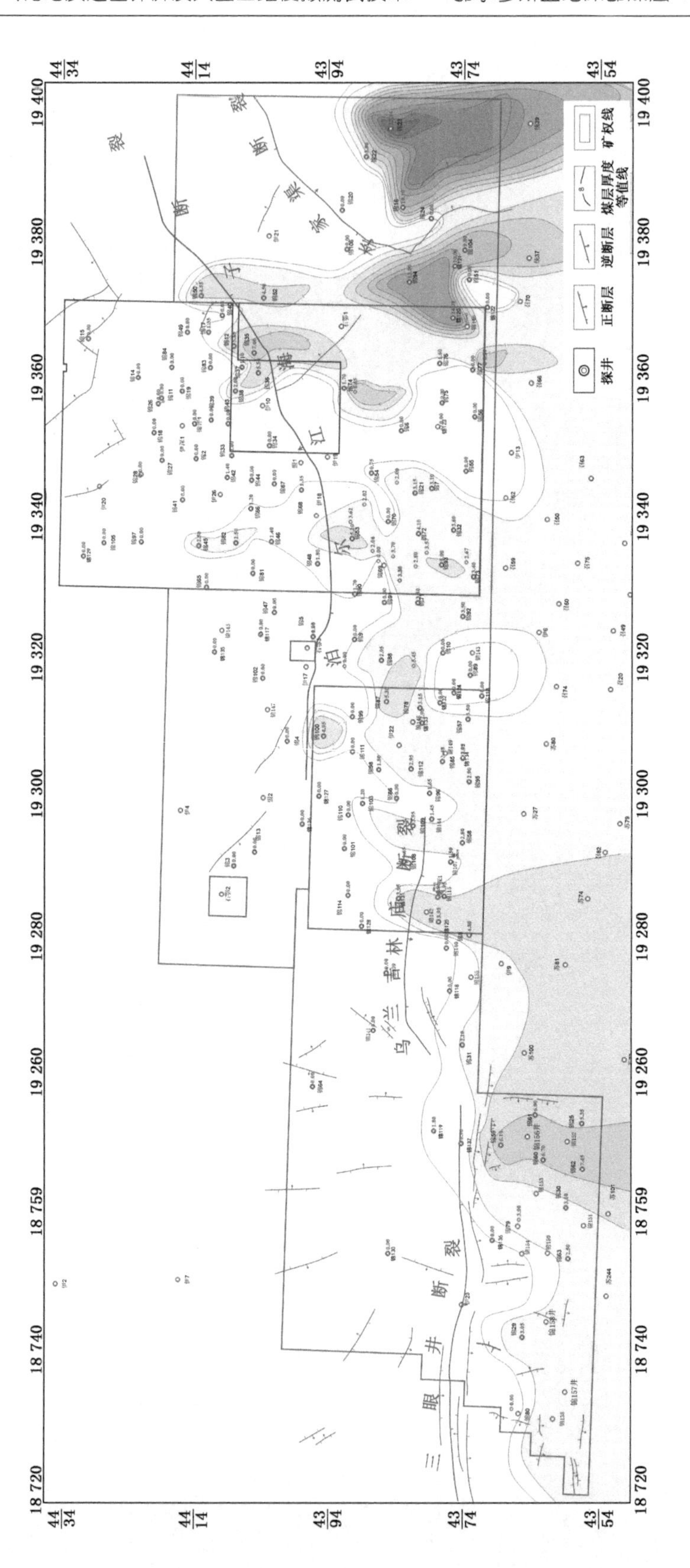

图 2-6 杭锦旗研究区山西组5号煤煤厚等值线图

表 2-3 鄂尔多斯盆地侏罗系延安组对比标志层分布表

系	统	组	段	标志层		标志层显示情况
				名称	位置	
侏罗系	中统	延安组	延1	/	/	/
			延2	/	/	/
			延3	真武洞砂岩	底	明显
			延(4+5)	/	/	/
			延6	A标志层	中	一般
			延7	/	/	/
			延8	裴庄砂岩	底	明显
			延9	B标志层	中	一般
			延10	宝塔山砂岩	底	明显

延10段:地层岩性特征为灰白色巨厚层含砾砂岩以及杂砂岩夹泥岩,可见许多溶蚀孔洞。延10底部的灰色-灰白色砂岩与富县组上部的杂色泥岩形成鲜明的对比,因此可以十分清楚地将延安组与富县组区分开。

延9段:该地层整体岩性以黄灰色、黄绿色细粉砂岩夹灰绿色泥岩为主,部分地区可见菱铁质结核。底部以一套泥岩与下伏延10油层组顶部砂岩分界。

延8段:延8岩性为灰白色、灰绿色砂岩及泥岩夹页岩,顶部夹煤层。底部以中薄层状砂岩与延9的暗色泥岩分界。

延7段:下部为浅灰色厚层状细砂岩,上部主要为灰色页岩、粉砂质泥页岩及黑色泥岩,具有典型的向上变细的垂直序列。底部以厚层状砂岩与下伏延8灰绿色泥岩及粉砂岩分界。

延6段:岩性主要为灰绿-暗灰-灰色粉砂岩、棕褐色泥岩及黑色页岩;在中部发育了裴庄砂岩,其岩性为灰绿色块状砂岩,发育低角度斜层理。延6底部以棕灰色厚层砂岩与延7顶部的泥岩分界。

延(4+5)段:一般将延4与延5段统称为延(4+5),其岩性以深灰-浅灰色细砂岩、粉砂岩以及泥岩为主,发育大型板状交错层理。延(4+5)底部以中厚层块状砂岩与延6顶部的泥岩分界。

延3~延1段:延3段发育了真武洞砂岩,其岩性为灰白色厚层细粒岩屑长石砂岩,其中发育大型侧积交错层理。延3底部的厚层块状砂岩与下伏延(4+5)地层泥岩之间呈现出明显的冲刷侵蚀界面,以此作为两者的界线。延2地层发育位置与延3大致相同,岩性为灰色中薄层粉砂岩夹泥岩及灰黑色页岩。延1的岩性为灰白、灰绿色砂岩夹薄层粉砂质泥岩及泥岩,其中砂岩中含有铁质结核。

直罗组与下伏延安组呈平行不整合关系,直罗组底部为中粗粒长石砂岩,含砾,称七里镇砂岩,自然电位曲线呈箱状负异常,其底为延安组顶界。延安组顶部是一个古构造运动面的冲刷面,这个冲刷面使延安组顶部部分地层缺失,面上为直罗组厚层砂岩或粗砂岩,自然伽马、自然电位曲线呈箱形，而延安组一般为齿形、钟形，二者容易区分。直罗组岩性主要表现为灰绿色、浅灰绿色泥岩与灰色、浅灰色细砂岩不等厚互层，整体上泥岩较为发育，其灰绿色泥岩与延安组灰色砂泥互层比较容易区分，下部有一套厚层砂岩与延安组地层接触，分层界限明显。直罗组各地层电阻率值和密度普遍小于延安组，自然伽马值相差不大，声速双收值直罗组地层明显大于延安组地层(表 2-4)。

表 2-4　延安组与上覆直罗组地层综合测井物性差异(来自柴登梁普查区)

序号	岩性	层位	综合测井参数							
			LL3/Ω·m		DEN/(g/cm³)		GR/cps		SON2/(s/m)	
			范围	均值	范围	均值	范围	均值	范围	均值
1	泥岩	K_1z + J_2z	8～9	8.3	1.72～1.98	1.93	47～190	56	614～750	686
2	泥质粉砂岩		9～10	10.2	1.76～2.05	1.91	35～75	52	569～745	675
3	细砂岩		10～13	11.2	2.14～2.4	2.25	30～73	55	303～559	417
4	粗砂岩		12～14	13.3	2.14～2.4	2.18	35～76	51	312～337	327
5	煤	$J_{1-2}y$	75～206	114	1.35～1.53	1.38	1.5～21	11.5	487～608	569
6	炭质泥岩		32～48	43	1.56～1.76	1.69	29～40.5	37	482～616	563
7	泥质粉砂岩		24～45	25.4	2.35～2.44	2.4	53～97	67.5	232～279	252
8	细砂岩		29～56	39.2	2.25～2.45	2.36	45～86	64.5	217～323	285
9	粗砂岩		52～72	63.9	2.16～2.4	2.28	34～78	51	256～316	292
10	砾岩		66～148	95	2.26～2.53	2.38	42～70	56.5	192～261	223

注：LL3——三侧向电阻率；DEN——补偿密度；GR——自然伽马；SON2——声波时差。

2.5　含煤地层划分对比

2.5.1　煤岩层物性特征

研究区内煤岩层物性条件较好，煤岩层之间的物性差异极为明显，不同的岩性间亦具有一定的物性差别。现结合煤岩层在各种参数上的反映规律分述如下。

(1) 三侧向电阻率(LL3)

由图 2-7 可知，区内煤层的三侧向电阻率值呈高阻，明显高于围岩，在其曲线上呈高峰值反映。物性范围为 170～530 Ω·m。而岩性不同的岩层，随着沉积物粒度的增大，其电阻率呈非线性增大的趋势。砂质泥岩、泥岩类的较低，物性范围为 0～80 Ω·m。其他不同粒级的砂岩的物性范围为 10～160 Ω·m。可见在三侧向电阻率曲线上煤层能以明显的高异常与围岩区边分开。

(2) 人工伽马(GGL)

由图 2-8 可知，区内煤、岩层之间的密度差异很大，煤层的人工伽马值在 1 300～2 650 cps 之间，而岩层的人工伽马值在 900～1 700 cps 之间，可见煤层在人工伽马曲线上

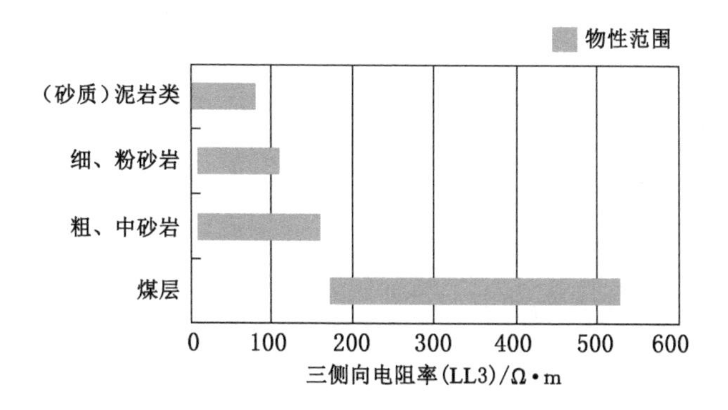

图 2-7　三侧向电阻率物性范围

反映为明显的高异常，而岩层的不同岩性之间由于密度差异不大，幅度变化小，只能对岩性进行大致的分层。

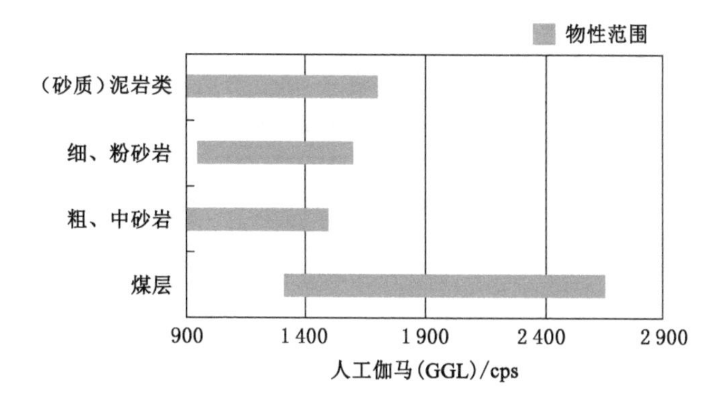

图 2-8　人工伽马物性范围

(3) 自然伽马(GR)

由图 2-9 可知，煤层、岩层之间的自然伽马值差异很大。岩层从粗粒砂岩到砂质泥岩、泥岩，随着砂岩的粒度变小、泥质含量的增加，自然伽马值也相应增大，幅值增大。由自然伽马值可划分出可采煤层、砂岩类及砂质泥岩类。

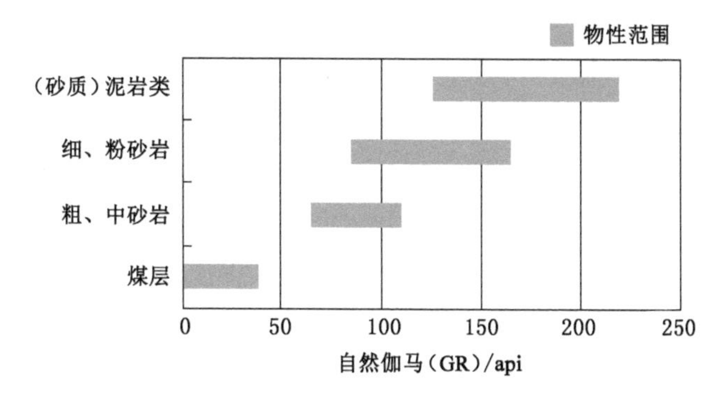

图 2-9　自然伽马物性范围

（4）夹矸

根据煤田钻孔资料，当煤层中夹矸厚度在0.4 m以下时只有密度测井曲线能够显示，但曲线变化幅度较小区分困难；当夹矸厚度达到0.4 m及以上时，密度测井和视电阻率测井曲线都能显示，但视电阻率测井曲线变化幅度较小。

2.5.2 地层对比

（1）小层划分

小层指在一次沉积事件中所沉积的全部岩系，包括渗透性的砂岩和非渗透性泥岩，是组成砂层组的最基础单元。小层划分对比主要是综合考虑岩芯观察与描述成果，在纵向上岩性组合特征、沉积相序组合特征以及沉积旋回特征等。

根据沉积学、旋回地层学、岩相古地理学以及测井物性差异等资料，结合煤田钻探取芯和测井资料（图2-10～图2-12）对杭锦旗研究区延安组进行了小层划分，共划分出7个段，即延10、延9、延8、延7、延6、延（4+5）和延3段，并进行了地层对比。

（2）厚度分布特征

根据钻井资料统计延安组各段地层厚度见表2-5，延安组整体的平均厚度为182.48 m，整体趋势由西向东逐渐减薄。现将各段地层厚度分布特征描述如下。

表2-5 延安组小层划分结果

<table>
<tr><th colspan="3" rowspan="2">地层</th><th colspan="2" rowspan="2">划分标准</th><th rowspan="2">亚段</th><th colspan="2">厚度/m</th></tr>
<tr><th>最小～最大</th><th>平均</th></tr>
<tr><td rowspan="12">延安群</td><td rowspan="12">延安组</td><td rowspan="3">第五段</td><td colspan="2" rowspan="3">次级旋回</td><td>延1</td><td rowspan="2">0</td><td rowspan="2">0</td></tr>
<tr><td>延2</td></tr>
<tr><td>延3</td><td></td><td></td></tr>
<tr><td rowspan="2">第四段</td><td colspan="2">次级旋回上段</td><td>延4</td><td rowspan="2">0～72.1</td><td rowspan="2">8.28</td></tr>
<tr><td colspan="2">次级旋回下段</td><td>延5</td></tr>
<tr><td rowspan="3">第三段</td><td rowspan="2">次级旋回</td><td>旋回上段</td><td>延6</td><td>0～56.6</td><td>12.33</td></tr>
<tr><td>旋回下段</td><td>延7</td><td>0～65.7</td><td>19.99</td></tr>
<tr><td colspan="2">次级旋回</td><td>延8</td><td>0～74.5</td><td>35.26</td></tr>
<tr><td rowspan="2">第二段</td><td colspan="2">旋回上段</td><td>延9</td><td>0～87.1</td><td>51.45</td></tr>
<tr><td colspan="2" rowspan="2">旋回下段</td><td>延10</td><td>0～93.5</td><td>55.17</td></tr>
<tr><td>第一段</td><td></td><td>0</td><td>0</td></tr>
<tr><td colspan="3">合计</td><td></td><td></td><td>182.48</td></tr>
</table>

延1～延2段地层在区内全部缺失，延3段地层只在极个别井中出现，存在大面积的缺失。延（4+5）段地层厚度为0～72.10 m（锦155井），平均厚度为8.28 m，在区内东部区域存在大范围缺失，西部埋深较大区域和锦55井周边残余厚度较大。延6段地层厚度分布在0～56.6 m（锦64井）之间，平均厚度为12.33 m，厚度分布趋势与延（4+5）段底层相似，整体上呈现为西部厚东部薄，在东部存在大范围的缺失。

延7段地层厚度为0～65.70 m（伊21井），平均厚度在19.99 m，整体分布趋势与上覆延（4+5）段和延6段地层一致，呈现西部厚东部薄的现象，伊21井周围地层厚度增大。延

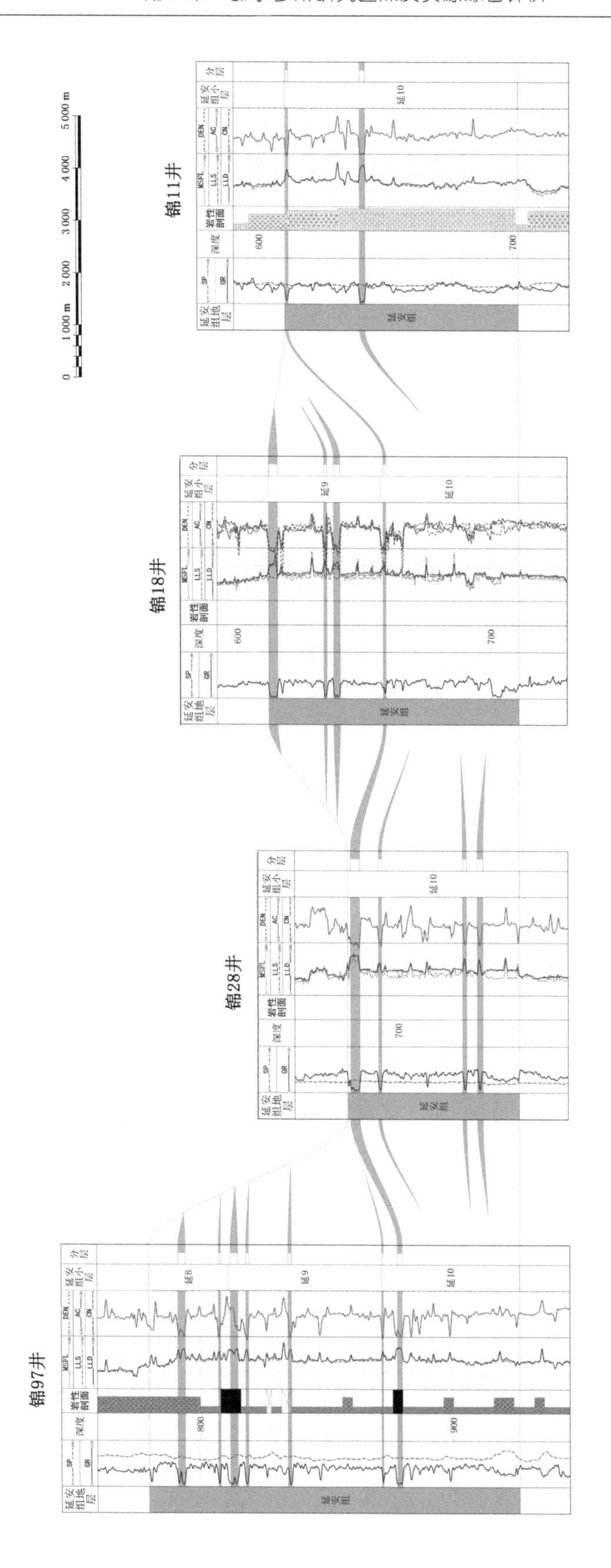

图 2-10　东西向锦97—锦11联井剖面对比图

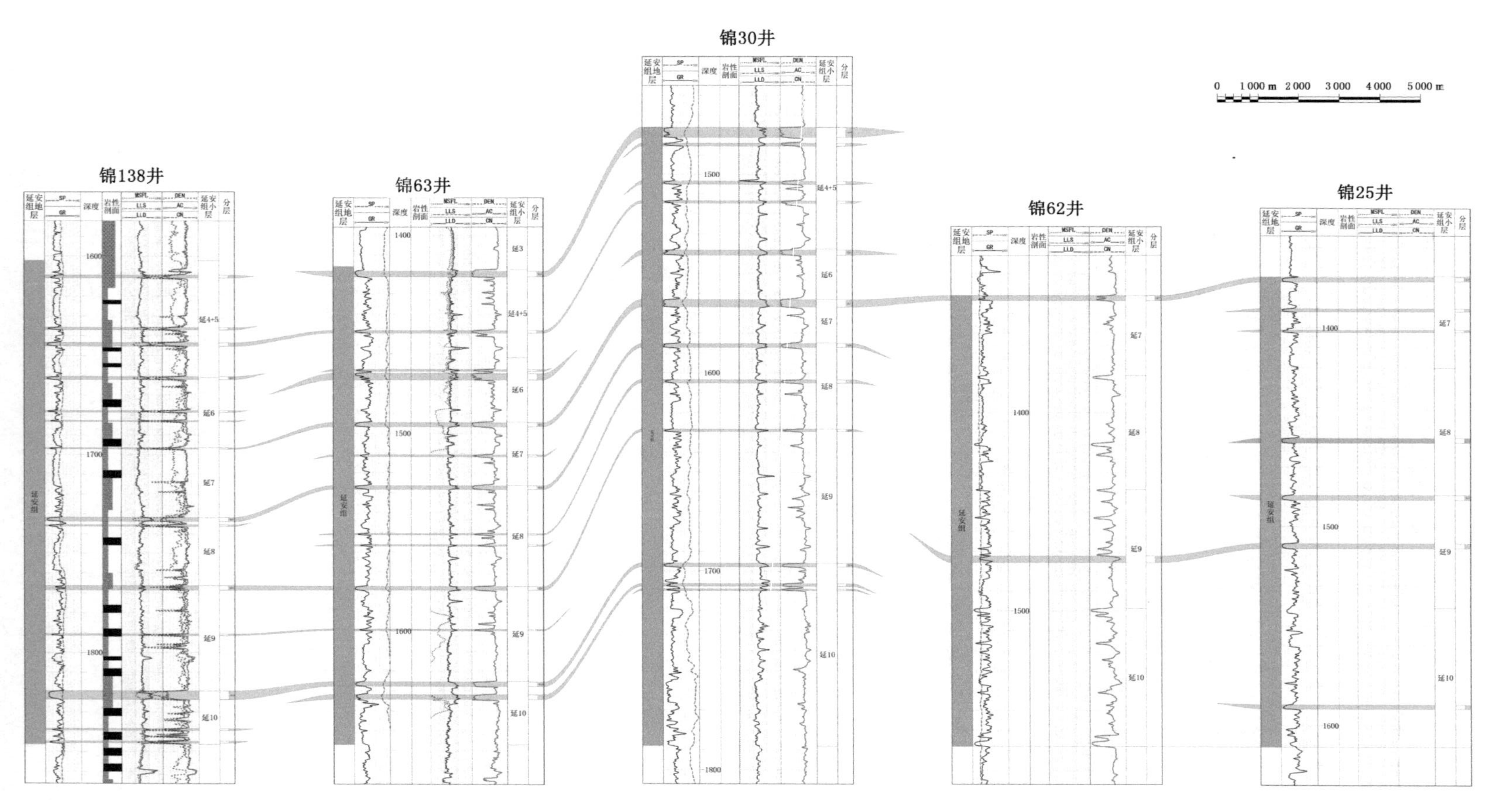

图 2-11　东西向锦138—锦25联井剖面对比图

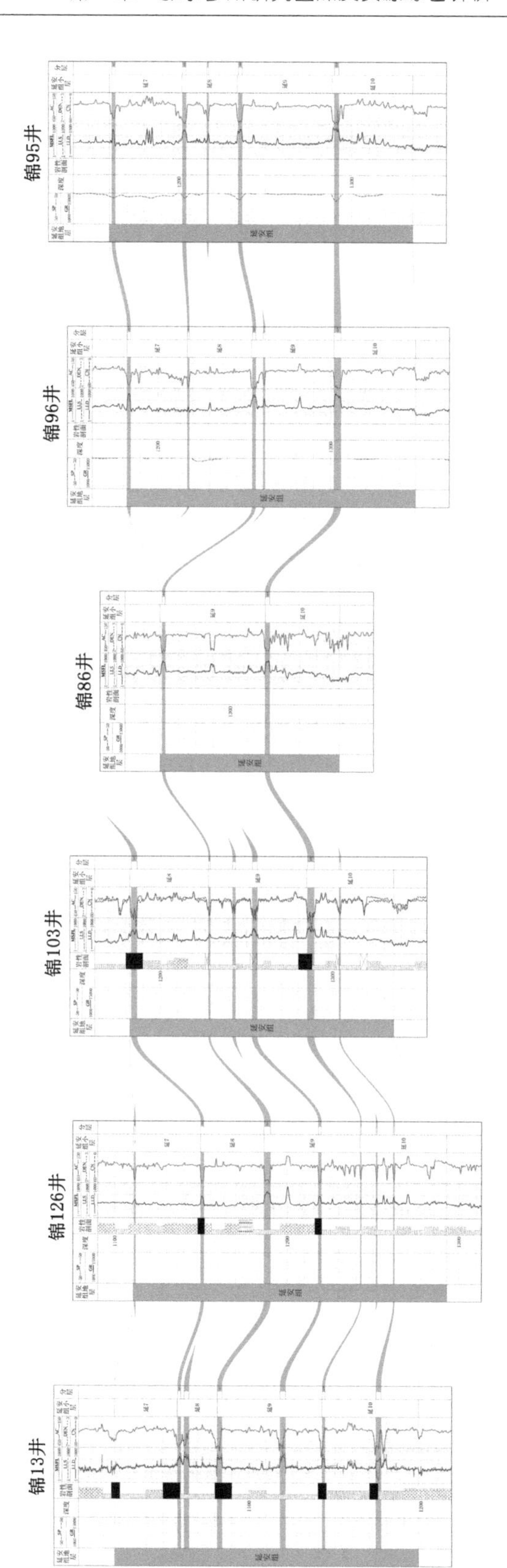

图 2-12　南北向锦13—锦95联井剖面对比图

8 段地层厚度分布在 0～74.5 m(锦 100 井)之间,平均厚度为 35.26 m,区内大范围存在,只在区内东北部分区域出现缺失,整体分布趋势仍呈现西部厚东部薄的显现,在东部伊 23 井周围地层出现再次增厚。延 9 段地层和延 10 段地层为区内普遍发育地层,沉积厚度较大且连续性较好。延 9 段地层厚度为 0～87.1 m(锦 151 井),平均厚度为 51.45 m,区内整体厚度较大,只在南部和北部小部分区域出现地层减薄现象。延 10 段地层厚度为 0(锦 84 井)～93.5 m(锦 9 井),平均厚度为 55.17 m,区内发育厚度普遍较大,向东北边缘出现局部减薄现象。

2.6 煤层对比研究

2.6.1 地层发育特征

中生界延安组下部以假整合接触关系覆于富县组之上或以微角度不整合直接覆于上三叠统延长组之上,上部与直罗组平行不整合接触。本次自上而下划分为 10 个岩性段,对应油田系统划分的延 1～延 10 等 10 个油层组。由于印支运动及直罗组地层形成早期河流冲刷侵蚀作用,延安组顶部地层常不同程度缺失。区内全部缺失延 1 段～延 2 段地层,极个别井中出现延 3 段地层残留,如锦 63、锦 139、锦 141、锦 150 和锦 154。延(4＋5)段相对延 3 段保存较多,但总体而言分布面积有限。延 9 段和延 10 段地层广泛分布,厚度较大,其中煤层普遍发育,且连续性较好。

2.6.2 煤层厚度分布特征

区内各煤层分布情况如下。

延安组延(4＋5)段顶部煤层厚度为 0～6 m,因区内绝大多数井中延(4＋5)段缺失,所以其煤层厚度等值线从 1 m 开始勾画。区内延(4＋5)段顶部煤层发育在锦 21、锦 140 周边和西部埋深较大区域。延(4＋5)段顶部煤层底板标高为－400～＋800 m,且从西向东标高逐渐增大,煤层埋深逐渐减小。

延 6 段顶部煤层厚度为 0～5 m,在中部大面积缺失,在西部发育较连续,以锦 151、锦 61、锦 155、锦 32、锦 77 和伊 21 井为中心周边蔓延煤层发育厚度较大。延 6 段顶部煤层底板标高为－300～＋1 000 m,其标高变化趋势与延(4＋5)段顶部煤层一致,由西向东逐渐增大,埋深逐渐减小。

延 7 段顶部煤层厚度在 0～6 m 之间,在中东部区域缺失,其余地带发育良好,特别是西部埋深较大区域和以锦 108、锦 16 井为中心的周边区域。延 7 段顶部煤层底板标高为－300～＋900 m,其标高和埋深变化趋势与延(4＋5)段顶部煤层和延 6 段顶部煤层一致。

延 8 段顶部煤层厚度在 0～7 m 之间,在中东部区域部分缺失,其余地带发育良好,特别是以锦 48、锦 116 和伊 23 井为中心的周边区域。延 8 段顶部煤层底板标高为－300～＋900 m,其标高和埋深变化趋势大致与上述三层煤一致,只是在以锦评 1 井为中心区域和其周边地区煤层底板标高有减小趋势。

延 9 段顶部煤层在区内普遍发育,其厚度在 0～9 m 之间,其中以锦 128、锦 148 和锦 38 井为中心的区域及其周边区域煤层发育厚度较大且连续性较好。延 9 段顶部煤层底板标高为－400～＋1 000 m,底板标高变化较大,但整体趋势依然是由西部向东部逐渐增大,埋深逐渐减小。

延 10 段顶部煤层与延 9 段顶部煤层均为区内普遍发育煤层，其厚度在 0～7 m 之间，区内西部、中部和东部均发育有煤层厚度大于 3 m 且连续性较好的区域，其中锦 112 和锦 31 井及其周边区域发育有大面积煤层厚度在 5 m 左右的区域。延 10 段顶部煤层底板标高为 －400～＋1 100 m，底板标高变化范围较大，但整体趋势依然具有由西部向东部逐渐增大，埋深逐渐减小的趋势。在锦评 1 井及其周边区域呈现与延 8 段顶部煤层底板标高变化相同趋势，即底板标高减小，埋深增大。

2.7　煤炭资源量估算

杭锦旗目标区内主要发育 6 层煤，其中以延 9 段顶部煤层和延 10 段顶部煤层发育较好，各煤层煤质变化差异不大，且各煤层视密度集中在 1.30 t/m^3 左右，因此在估算区内煤炭资源量时，以 1.30 t/m^3 作为各煤层的视密度，估算结果见表 2-6。

表 2-6　煤炭资源量估算结果

煤层	面积/km^2			资源量/万 t
	0～1 m(煤厚)	1～3 m(煤厚)	＞3 m(煤厚)	
延(4＋5)顶	/	4 048	477	552 213
延 6 顶	2 874	3 992	370	1 369 137
延 7 顶	3 260	4 391	588	1 582 689
延 8 顶	2 134	6 352	223	1 877 187
延 9 顶	2 322	5 963	948	2 070 809
延 10 顶	1 047	7 186	999	2 326 208
总和	11 637	31 932	3 605	9 778 243

由估算可知目标区内延(4＋5)段顶部煤层资源量为 552 213 万 t，延 6 段顶部煤层资源量为 1 369 137 万 t，延 7 段顶部煤层资源量为 1 582 689 万 t，延 8 段顶部煤层资源量为 1 877 187 万 t，延 9 段顶部煤层资源量为 2 070 809 万 t，延 10 段顶部煤层资源量为 2 326 208 万 t，区内 6 层煤资源总量达 9 778 243 万 t。

以地面标高＋1 300 m 为埋深 0 m 的基准，按照各段顶部煤层埋深估算资源量分为埋深小于 1 000 m、1 000～1 500 m、1 500～2 000 m 和埋深大于 2 000 m 四类，估算结果见表 2-7。

表 2-7　煤层埋深资源量估算表

煤层	资源量/万 t			
	埋深＜1 000 m	埋深为 1 000～1 500 m	埋深为 1 500～2 000 m	埋深＞2 000 m
延(4＋5)顶	46 073	506 140	/	/
延 6 顶	667 702	600 345	101 090	/

表 2-7(续)

煤层	资源量/万 t			
	埋深<1 000 m	埋深为 1 000～1 500 m	埋深为 1 500～2 000 m	埋深>2 000 m
延 7 顶	849 820	615 871	116 998	/
延 8 顶	994 851	686 180	196 155	/
延 9 顶	1 090 079	708 883	271 847	/
延 10 顶	1 184 208	754 235	387 765	/
总和	4 832 733	3 871 654	1 073 855	

由估算可知，延安组各小段主要煤层埋深小于 1 000 m 的资源量为 4 832 733 万 t，埋深在 1 000～15 000 m 之间的资源量为 3 871 654 万 t，埋深在 1 500～2 000 m 之间的煤炭资源量为 1 073 855 万 t，总资源量为 9 778 243 万 t。

2.8 水文地质、工程地质与煤岩煤质特征

2.8.1 水文地质特征

根据纳林希里钻孔揭露简易水文观测、地质填图、抽水孔及邻区等资料，结合岩层的分布和空间组合特点分析，区内含水岩组可划分为以下两大类：松散岩类孔隙、潜水含水岩组和碎屑岩类孔隙、裂隙潜水-承压水含水岩组。现分述如下。

1. 松散岩类孔隙、潜水含水岩组

该岩组整体属于第四系，全区发育，上部主要是风积沙层，由细沙、沙土组成，成分以石英为主，分布面积广，厚度变化大。在低洼处，松散层与基岩接触面常有泉水出露，流量为 0.039～5 L/s，水质为 HCO_3-Ca 型，矿化度为 0.2 g/L。下部为马兰黄土，柱状节理发育，含钙质结核，含水微弱。沿沟谷有冲洪积和冲淤积层，由细粉沙及砂砾石组成，水位埋藏浅，一般为 0.2～4.0 m。

2. 碎屑岩类孔隙、裂隙潜水-承压水含水岩组

(1) 下白垩统志丹群(K_1zh)：本组岩性主要为紫红色、棕色及杂色中、粗砂岩、砾岩，根据钻孔资料统计，残留厚度为 492.31～897.83 m，平均为 662.94 m。据简易水文地质观测资料，消耗量为 0.1～0.67 t/h。该含水岩层属孔隙水。据 P14-4 号钻孔抽该含水岩组及以上地层水抽水试验结果，水位标高为 1 359.40 m，水位最大降深为 11.55 m，单位涌水量 q=0.486 L/(s·m)，渗透系数 k=0.062 4 m/d，含水层属中等富水性。水质为 HCO_3-Ca·Mg 型；矿化度为 0.39 g/L，属低矿化度淡水；pH 值为 7.7。

(2) 侏罗系中统安定组(J_2a)：该组地层全区发育，与下伏地层呈连续沉积。岩性主要为紫红色、棕色及杂色中、粗砂岩、泥岩，残留厚度为 15.45～155.93 m，平均为 81.68 m。据乌兰希里 B27 号钻孔资料，自流量为 1.519 L/s，水头高为 5.85 m，水位标高为 1 234.94 m。该岩层水属孔隙水。

(3) Ⅰ含水带(侏罗系中统 J_2z)：灰白色、浅黄色、淡红～紫红色中、细粒砂岩、粉砂岩，

局部为含砾粗粒砂岩。根据钻孔资料统计，残留厚度为 32.16～139.18 m，平均为 79.24 m。根据钻孔简易水文观测，此层很少有漏水，消耗量较小。含弱孔隙裂隙潜水-承压水，据邻区资料，q=0.022 1～0.027 4 L/(s・m)，k=0.033 9～0.046 0 m/d，矿化度为 0.871～0.951 g/L，pH 值为 8.3～8.5，水质为 Cl・HCO_3-K・Na 型。

（4）第一隔水层（J_2z～$J_{1-2}y^3$ 上部）：砂质泥岩、粉砂岩夹有薄煤层，个别地段相变为砂岩、泥岩尖灭，为隔水性较好岩段。

（5）Ⅱ含水带（侏罗系中、下统 $J_{1-2}y^1$ 上部～$J_{1-2}y^3$）：淡黄色、灰白色中细粒砂岩、粗粒砂岩。因煤层冲浮动液消耗量较大，故将其归于含水层。据邻区资料，单位涌水量 q=0.000 647～0.008 87 L/(s・m)，渗透系数 k=0.002 67～0.009 24 m/d。由此看来，单位涌水量比较小，属弱富水性含水带。矿化度为 0.101～0.125 g/L，pH 值为 7.3～8.5，水质为 HCO-K・Na・Ca・Mg 型和 HCO-K・Na 型。

（6）第二隔水层（位于 6-2 煤下部）：浅灰色、黄绿色砂质泥岩、粉砂岩及砂质黏土岩，厚 0.00～39.28 m。

（7）Ⅲ含水带（$J_{1-2}y^1$ 下部～T_3y 上部）：灰绿、浅灰、灰白色中、细粒砂岩、砂质泥岩，中部为中粗粒砂岩。含水带的厚度、含水性不详。

3. 地下水的补给、径流与排泄条件

（1）潜水的补给、径流与排泄

潜水的主要补给来源为大气降水，次为湖泊水的下渗及河水的侧向补给，局部也有含水层之间的补给。研究区大气降水集中，持续时间短，渗入量少，地面植被不发育，地形切割深，大气降水落到地表后变成地表径流流失，不利于对潜水的补给，所以潜水的补给量受到了很大的限制。潜水的径流受地形地貌条件的制约，基本向沟谷径流和与沟谷流向一致。研究区气候干燥，蒸发强烈，潜水以蒸发排泄为主，次为泉水的天然露头排泄及各种人工开采排泄。

（2）承压水的补给、径流与排泄

基岩承压水主要以侧向径流补给为主，次为上部潜水的渗入补给，基岩出露处也直接接受大气降水的垂直渗入补给。在区内地形位置较高处，潜水水位高于承压水水位，承压水接受潜水通过天窗或基岩裂隙的垂直渗透补给。在湖泊、河谷等地形低洼地带，承压水位高于潜水水位，承压水又可通过天窗或基岩裂隙对潜水进行补给，这也是区内承压水排泄方式之一。深部承压水之间依据承压水压力大小可以通过断层、裂隙产生水力联系。承压水的排泄以侧向径流排泄为主，次为人工开采排泄。

2.8.2　工程地质特征

1. 岩石工程地质特征论述

（1）煤层顶底板岩石工程地质特征

延安组煤系地层胶结物多为泥质，同时砂岩类地层具裂隙，孔隙明显而又普遍。根据相邻纳林希里预查区 P14-4 号钻孔岩石物理力学试验资料，取样资料如图 2-13 所示，力学参数测试结果见表 2-8。煤层顶底板岩石抗压强度大多数＜60 MPa，为半坚硬～软弱岩石。砂质泥岩及泥岩遇水易软化。

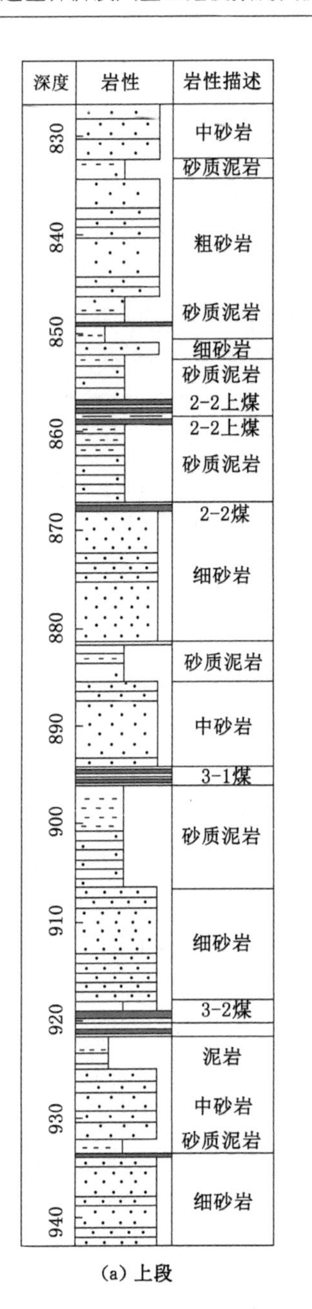

(a) 上段

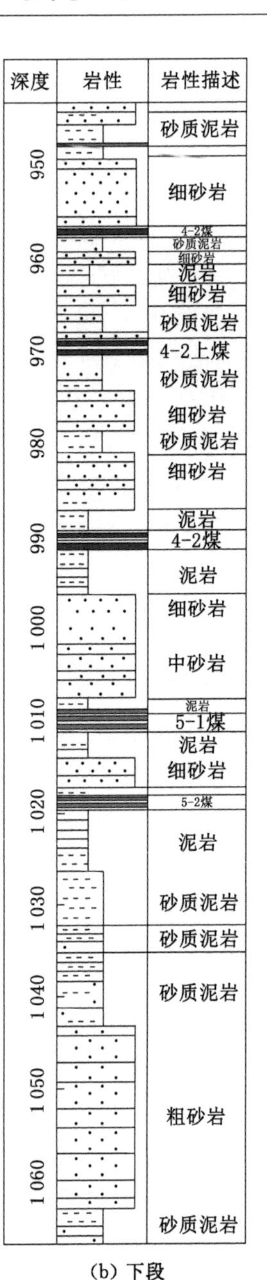

(b) 下段

图 2-13　P14-4 孔取样位置示意图

表 2-8　P14-4 孔取样试验数据表

样品编号	采样深度/m	岩石名称	孔隙率/%	含水率/%	抗压强度/MPa
1	831.36	中粒砂岩	24.82	3.05	15.5
2	846.55	粗粒砂岩	11.40	0.83	17.9
3	880.73	细粒砂岩	23.21	0.65	22.5
4	893.76	中粒砂岩	23.87	0.73	29.1

表 2-8(续)

样品编号	采样深度/m	岩石名称	孔隙率/%	含水率/%	抗压强度/MPa
5	917.91	细粒砂岩	20.44	1.15	28.9
6	931.34	中粒砂岩	6.30	0.50	54.3
7	943.86	细粒砂岩	17.76	1.40	38.3
8	956.02	细粒砂岩	16.83	0.91	52.8
9	977.84	细粒砂岩	19.93	1.46	45.8
10	985.44	细粒砂岩	22.51	1.76	41.7
11	1 007.13	中粒砂岩	26.17	1.15	28.6
12	1 062.55	粗粒砂岩	21.80	0.35	42.2

(2) 岩石与岩体质量评述

根据相邻纳林希里预查区钻孔岩芯鉴定成果,自然状态下岩心较完整,基岩风化壳的裂隙较发育,下部岩石的节理裂隙较少,但较松软。根据 P14-3、P14-4、P14-5、P14-6、P15-6、P16-4 号钻孔工程地质编录成果,岩石质量指标(RQD)值为 25%～75%,岩石质量等级为Ⅲ～Ⅳ级(中等～差),岩石质量中等完整～完整性差,因此研究区岩石与岩体的总体质量较差,特别是煤层顶底板岩石,基本都是软弱～半坚硬岩石。

(3) 风化带、不良自然现象及工程地质问题概述

研究区松散层分布广泛,基岩少量出露,在基岩裸露地段风化作用强烈,覆盖区基岩面在第四系地层沉积以前也受到了不同程度的风化剥蚀。不同岩石风化带深度的差异较大,钙质填隙的坚硬岩石的风化带较浅,泥质填隙的软弱岩石的风化带较深。

研究区气候干燥、多风,地面植被稀少,再加上过量放牧,使区内土地荒漠化及水土流失较为严重,并形成不少小型冲沟。目前区内还没有其他不良自然现象及工程地质问题。

2. 研究区工程地质条件综合评价

本区煤层顶底板岩石的力学强度低,以软弱～半坚硬岩石为主,岩石质量指标(RQD)较低,岩石与岩体的质量较差,因此,区内煤层顶底板岩石的稳固性较差。研究区岩石以碎屑沉积岩为主,层状结构,岩性单一,煤层顶底板岩石的力学强度低,以软弱～半坚硬岩石为主,稳固性较差。

2.8.3　煤岩煤质特征

由于油气勘探井大部分没有采取岩心,缺乏煤岩煤质资料,所以下文采用具有代表性的纳林希里煤田勘查区资料作为参考。

1. 一般物理性质

区内煤呈黑色,条痕呈褐黑色,弱沥青-沥青光泽,镜煤内生裂隙较发育,常为方解石、黄铁矿薄膜充填,煤层中含黄铁矿结核。参差状断口,条带状结构,层状构造。

2. 煤岩特征

(1) 宏观煤岩特征

区内煤层煤岩组分以暗煤为主,次为丝炭,夹亮煤条带及镜煤线理。宏观煤岩类型以半暗型为主,其次为半亮型及暗淡型。

（2）显微煤岩特征

各煤层显微煤岩组分镜质组含量为 27.3%～80.7%，镜质组含量从高到低依次为延(4＋5)→延 7→延 9→延 8→延 10→延 6，镜质组含量高的煤利于气化；煤中惰质组含量为 19.3%～71.6%，除延 6 煤、延 10 煤较高外，其他正常；煤中壳质组分含量甚少，在 1.2%以下。根据国际显微煤岩类型分类原则，区内煤为微镜惰煤。各煤层显微煤岩组分见表 2-9 和图 2-14～图 2-19。煤中矿物杂质含量很低，黏土组一般在 13.3%以下，硫化物组、碳酸盐组一般小于 1%，氧化物组多为 0。

表 2-9　煤岩鉴定结果汇总表

煤层编号	去矿物基/%			含矿物基/%					反射率 R^o_{max}/%
	镜质组(V)	惰质组(I)	壳质组(E)	显微组分组总量	黏土矿物(CM)	硫化物矿物(SM)	碳酸盐矿物(CaM)	氧化硅矿物(SiM)	
延(4＋5)顶(原 2-1 上)	80.7	19.3	0	91.9	7.9	0.2	0	0	0.570 6
延 6 顶(原 2-1 下)	27.3(1)	71.6(1)	1.2(1)	85.8(1)	12.4(1)	1.8(1)	0(1)	0(1)	0.618 5(1)
延 7 顶(原 2-2)	67.7～83.0/76.6(3)	15.3～32.3/22.4(3)	0～1.7/1.1(3)	74.0～95.1/86.2(3)	4.7～25.6/13.3(3)	0～0.4/0.2(3)	0～1.0/0.3(3)	0(3)	0.563 7～0.571 6/0.540 0(3)
延 8 顶(原 3-1)	46.0～77.9/64.6(5)	21.7～53.8/34.6(5)	0.2～2.4/0.8(5)	72.5～98.0/90.2(5)	1.9～27.1/9.1(5)	0～0.3/0.2(5)	0～2.4/0.5(5)	0/0(5)	0.469 5～0.611 7/0.559 2(5)
延 9 顶(原 3-2)	39.8～66.0/54.8(3)	32.5～59.4/44.3(3)	0.4～1.5/0.9(3)	79.9～98.5/91.4(3)	1.3～19.8/8.4(3)	0～0.4/0.1(3)	0～0.2/0.1(3)	0/0(3)	0.567 4～0.597 2/0.586 4(3)
延 10 顶(原 4-2 上)	64.2～84.2/73.8(3)	15.1～35.6/25.9(3)	0～0.7/0.3(3)	94.9～97.1/95.7(3)	2.3～4.8/3.8(3)	0～0.4/0.1(3)	0.2～0.8/0.4(3)	0(3)	0.465 2～0.574 8/0.535 1(3)

注：括号中的数字表示样品数，下同。

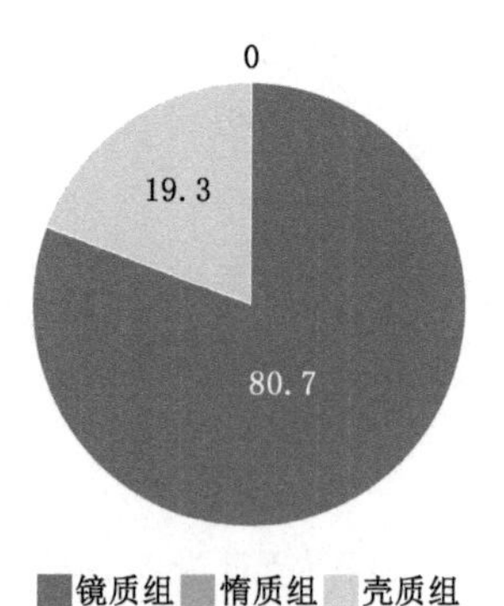

图 2-14　延(4＋5)顶煤层显微煤岩组分含量

（3）变质阶段

各煤层镜煤最大反射率均在 0.535 1%～0.618 5%之间，据此确定变质程度为烟煤Ⅰ

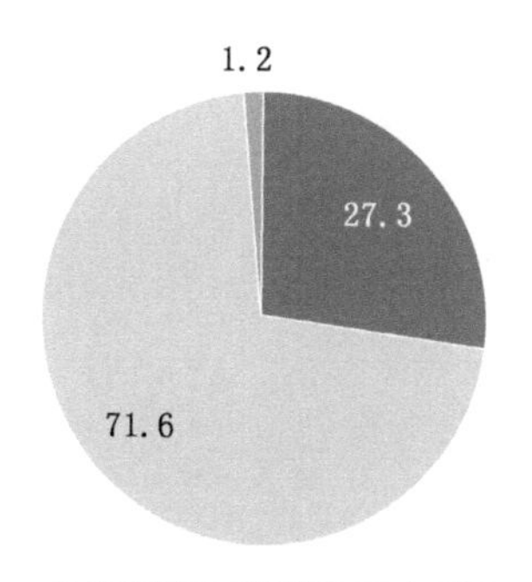

图 2-15　延 6 顶煤层显微煤岩组分含量

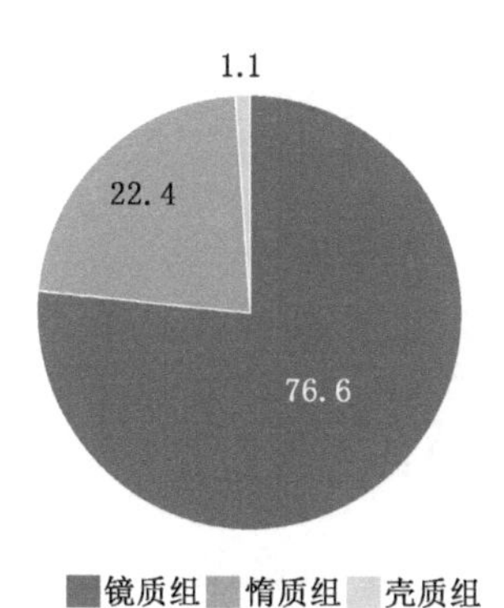

图 2-16　延 7 顶煤层显微煤岩组分含量

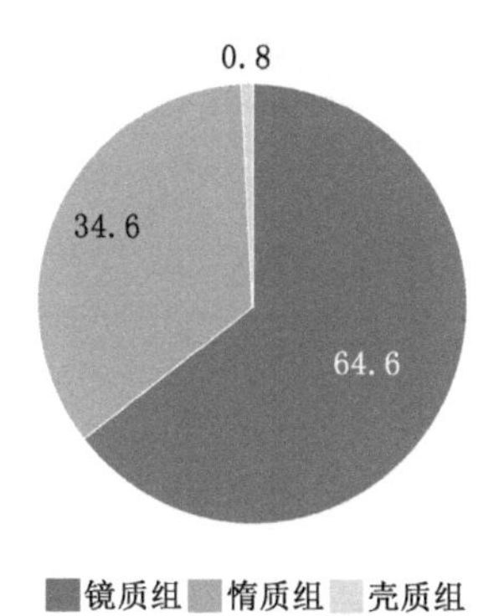

图 2-17　延 8 顶煤层显微煤岩组分含量

阶段。区内构造简单，无岩浆岩侵入，因此影响煤变质的主要因素是区域变质作用。

3. 煤的其他物理性质

(1) 真密度

区内煤的真密度一般在 1.40～1.60 t/m^3之间，影响煤真密度的主要因素是灰分，两者基本呈正相关关系。

(2) 视密度

各煤层视密度一般在 1.24～1.50 t/m^3之间，平均为 1.30～1.35 t/m^3，见表 2-10。

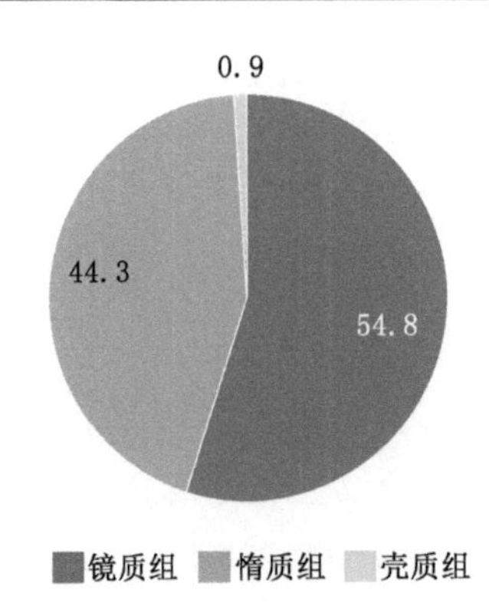

图 2-18　延 9 顶煤层显微煤岩组分含量

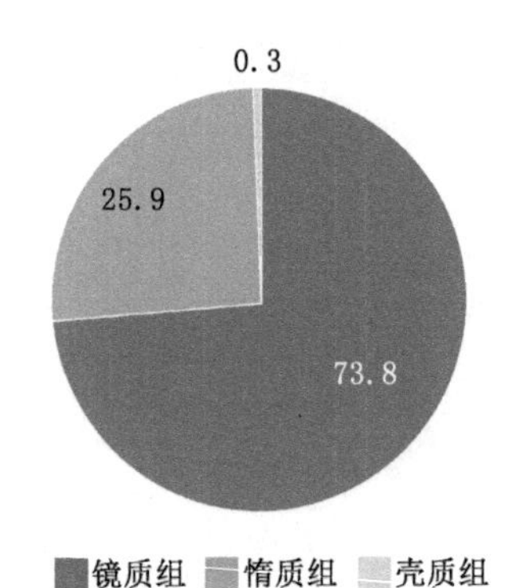

图 2-19　延 10 顶煤层显微煤岩组分含量

表 2-10　各煤层视密度值一览表

煤层号	延(4+5)顶	延 6 顶	延 7 顶	延 8 顶	延 9 顶	延 10 顶
视密度/(t/m³)	1.26～1.50 1.35(6)	1.28～1.36 1.31(6)	1.24～1.39 1.30(20)	1.24～1.38 1.30(19)	1.28～1.39 1.32(11)	1.27～1.36 1.31(18)

4. 化学性质

(1) 工业分析

① 水分(M_{ad})

各煤层原煤水分在 1.63%～21.38%之间。延(4+5)顶煤层为 2.67%～8.63%,平均为 5.47%;延 6 顶煤层为 2.62%～12.09%,平均为 6.87%; 延 7 顶煤层为 2.11%～18.50%,平均为 7.29%; 延 8 顶煤层为 1.63%～21.38%,平均为 5.46%;延 9 顶煤层为 1.66%～18.09%,平均为 6.65%;延 10 顶煤层为 1.97%～17.11%,平均为 7.18%具体见表 2-10。

② 灰分(A_d)

各煤层原煤灰分在 2.36%～39.19%之间。延(4+5)顶煤层为 3.69%～29.87%,平均为 9.96%,属特低灰煤;延 6 顶煤层为 3.56%～29.60%,平均为 10.65%,属低灰煤; 延 7 顶煤层为 2.36%～39.19%,平均为 9.41%,属特低灰煤;延 8 顶煤层为 3.20%～34.10%,平均为 9.88%,属特低灰煤;延 9 顶煤层为 3.10%～27.55%,平均为 9.28%,属特低灰煤;

延 10 顶煤层为 3.08%～33.17%，平均为 9.14%，属特低灰煤(表 2-10)。

分选煤灰分一般降至 3%～5%，属特低灰分煤(表 2-10)。

③ 挥发分(V_{daf})

原煤挥发分一般为 24.80%～51.40%；分选煤挥发分一般为 25.10%～44.98%。区内各可采煤层均有个别点分选煤挥发分大于 37%，平均在 37%以下(表 2-10)。

(2) 有害元素

① 硫分($S_{t.d}$)

原煤全硫各煤层有所不同，见表 2-11。延(4＋5)顶煤层为 0.24%～2.11%，平均为 0.75%，属低硫煤；延 6 顶煤层为 0.13%～2.10%，平均为 0.52%，属低硫煤；延 7 顶煤层为 0.11%～2.72%，平均为 0.54%，属低硫煤；延 8 顶煤层为 0.13%～2.15%，平均为0.46%，属特低硫煤；延 9 顶煤层为 0.17%～1.64%，平均为 0.46%，属特低硫煤；延 10 顶煤层为 0.09%～1.74%，平均为 0.42%，属特低硫煤(表 2-11)。

分选煤全硫各煤层平均在 0.28%～0.38%之间，属特低硫煤(表 2-10)。

② 磷(P)

各煤层磷含量平均在 0～0.03%之间，以特低磷、低磷煤为主，个别点出现中磷煤(表 2-12)。

③ 砷(As)

区内可采煤层砷含量平均在 0～3 μg/g 之间，属于特低砷煤(表 2-12)。动力用煤要求砷的含量不得超过 80 μg/g，炼焦用煤要求砷的含量不得超过 35 μg/g，均能满足要求。

④ 氟(F)

原煤氟含量平均在 117.37～128 μg/g 之间，属于低氟煤，分选煤略低于原煤(表 2-12)。

⑤ 氯(Cl)

原煤氯含量平均在 0.02%～0.038%之间，属于特低氯煤，对工业利用影响不大(表 2-12)。

(3) 元素分析

原煤碳含量(C_{daf})在 75.52%～84.89%之间，氢含量(H_{daf})在 4.04%～5.36%之间，氮含量(N_{daf})在 0.70%～1.42%之间，氧含量(O_{daf})在 8.56%～18.93%之间(表 2-12)。

5. 工业性能

(1) 发热量($Q_{net.d}$)

原煤发热量各煤层略有不同，但均属高发热量煤，见表 2-10。其中，延(4＋5)顶煤层为 20.47～32.20 MJ/kg，平均为 28.56 MJ/kg；延 6 顶煤层为 22.02～31.46 MJ/kg，平均为 28.23 MJ/kg；延 7 顶煤层为 18.12～31.68 MJ/kg，平均为 28.59 MJ/kg；延 8 顶煤层为 20.03～32.02 MJ/kg，平均为 28.44 MJ/kg；延 9 顶煤层为 22.22～31.69 MJ/kg，平均为 28.76 MJ/kg；延 10 顶煤层为 20.43～31.91 MJ/kg，平均为 28.74 MJ/kg。

(2) 灰成分、灰熔融性

区内煤灰成分组成复杂，且变化大。主要成分为 SiO_2，平均值在 35.36%～44.50%之间；Al_2O_3平均值为 15.82%～18.87%；Fe_2O_3平均值为 7.17%～9.67%；CaO 平均值为 12.05%～23.05%；SO_3平均值为 6.24%～8.41%；MgO 含量较低，一般在 3%以下；TiO_2含量低，一般在 1%以下(表 2-13)。灰熔融性(ST)平均值在 1 230～1 265 ℃之间，属较低软化温度-中等软化温度灰(表 2-13)。

表 2-11　各煤层主要特征汇总表

煤层号	浮选情况	工业分析/%			发热量/(MJ/kg)			硫分/%			
		M_{ad}	A_d	V_{daf}	$Q_{b.d}$	$Q_{gr.d}$	$Q_{net.d}$	$S_{t.d}$	$S_{p.d}$	$S_{s.d}$	$S_{o.d}$
延(4+5)顶	原煤	2.67～8.63 5.47(35)	3.69～29.87 9.96(35)	35.20～36.70 31.10(35)	—	21.08～33.14 29.39(35)	20.47～32.2 28.56(35)	0.24～2.11 0.75(35)	0.12～0.56 0.25(13)	0～0.12 0.02(13)	0～0.4 0.3(13)
	分选煤	2.52～7.86 4.58(35)	2.72～5.76 3.95(35)	26.72～37.55 32.00(35)	—	29.99～33.14 31.59(19)	29.09～32.21 30.7(19)	0.19～0.73 0.38(35)	0.04～0.22 0.1(13)	0～0.02 0(13)	0.06～0.39 0.24(13)
延6顶	原煤	2.62～12.09 6.87(56)	3.56～29.6 10.65(56)	25.5～37.9 32.5(56)	22.74～32.54 29.17(55)	22.68～32.38 29.02(56)	22.02～31.46 28.23(56)	0.13～2.1 0.52(56)	0.05～0.93 0.28(12)	0～0.14 0.02(12)	0～0.6 0.2(12)
	分选煤	2.42～13.12 5.27(56)	2.14～21.57 4.2(56)	27.14～37.1 33.1(56)	26.49～33.23 31.72(32)	26.26～33.14 31.55(33)	25.49～32.21 30.72(33)	0.08～2.1 0.34(56)	0.02～0.23 0.1(11)	0～0.06 0.01(11)	0～0.68 0.19(11)
延7顶	原煤	2.11～18.5 7.29(148)	2.36～39.19 9.41(148)	26.5～51.4 32.9(148)	18.98～32.73 29.5(145)	18.85～32.65 29.43(148)	18.12～31.68 28.59(148)	0.11～2.72 0.54(148)	0.02～1.05 0.27(59)	0～0.12 0.01(59)	0～0.9 0.2(60)
	分选煤	1.68～14.84 5.53(146)	1.93～17.22 4.06(146)	27.39～44.98 33.33(146)	26.78～33.2 31.58(70)	26.73～33.11 31.51(72)	25.93～32.26 30.59(72)	0.07～0.98 0.31(145)	0.01～0.45 0.1(52)	0～0.05 0.01(52)	0～0.45 0.19(52)
延8顶	原煤	1.63～21.38 5.46(158)	3.2～34.1 9.88(158)	25.1～44.7 33.4(158)	20.73～33.07 29.38(158)	20.69～32.93 29.29(158)	20.03～32.02 28.44(158)	0.13～2.15 0.46(158)	0～1.22 0.29(57)	0～0.11 0.02(57)	0～0.8 0.2(59)
	分选煤	1.63～21.38 5.32(156)	2.22～16.77 4.22(156)	28.33～40.41 33.53(156)	27.68～33.19 31.52(74)	27.61～33.11 31.44(74)	26.87～32.23 30.52(74)	0.07～1.5 0.3(156)	0～0.81 0.11(54)	0～0.09 0.01(54)	0.01～0.72 0.21(54)
延9顶	原煤	1.66～18.09 6.65(97)	3.1～27.55 9.28(97)	24.8～39 33.1(97)	22.98～32.76 29.69(96)	22.93～32.67 29.61(97)	22.22～31.69 28.76(97)	0.17～1.64 0.46(97)	0～0.78 0.31(29)	0～0.11 0.01(29)	0～0.4 0.2(29)
	分选煤	1.73～13.96 4.95(94)	2.57～12.7 4(94)	27.24～38.31 33.76(94)	28.23～33.21 31.69(44)	28.16～33.12 31.63(45)	27.35～32.24 30.71(45)	0.1～0.91 0.3(94)	0～0.42 0.09(27)	0～0.31 0.02(27)	0.21(27) 0.01～0.46
延10顶	原煤	1.97～17.11 7.18(143)	3.08～33.17 9.14(143)	26.3～40.9 33.1(143)	21.14～32.88 29.7(142)	21.08～32.78 29.59(143)	20.43～31.91 28.74(143)	0.09～1.74 0.42(143)	0.02～0.97 0.22(47)	0～0.11 0.01(47)	0～0.5 0.2(48)
	分选煤	2.09～14.47 5.28(139)	2.02～8.14 4.06(139)	25.66～41.63 33.51(139)	29.29～33.17 31.7(70)	29.21～33.1 31.63(71)	28.35～32.3 30.71(71)	0.02～0.87 0.28(139)	0.01～0.31 0.09(42)	0～0.31 0.02(42)	0.01～0.37 0.18(42)

表 2-12　各煤层主要特征汇总表

煤层号	浮选情况	元素分析/%					有害元素			
		C_{daf}	H_{daf}	O_{daf}	N_{daf}	S_{daf}	As/(μg/g)	F/(μg/g)	Cl/%	P/%
延(4+5)顶	原煤	75.87～81.59 79.24(3)	4.23～4.78 4.56(3)	11.93～16.26 13.77(3)	0.7～1.41 1.01(3)	0.41～2.93 1.42(3)	0～10 3(29)	57～563 128(29)	0.001～0.105 0.038(29)	0～0.124 0.014(29)
	分选煤	80.12～83.02 81.38(5)	4.32～4.86 4.53(5)	11.22～14.09 12.53(5)	0.93～1.41 1.08(5)	0.41～0.69 0.48(5)	0～4 1(14)	32～106 72(14)		0～0.131 0.016(14)
延6顶	原煤	82.27～82.63 82.45(2)	4.22～4.34 4.28(2)	11.36～11.8 11.58(2)	0.85～0.92 0.88(2)	0.5～1.11 0.81(2)	0～7 1.32(22)	52～185 117.59(20)	0～0.05 0.02(20)	0～0.01 0.01(22)
	分选煤	79.81～85.67 82.18(7)	4.24～4.75 4.51(7)	8.14～13.99 11.78(7)	0.87～1.41 1.15(7)	0.18～0.81 0.38(7)	0～3 1.33(6)	32～164 84.33(6)		0～0.01 0(6)
延7顶	原煤	79.04～84.89 81.32(10)	4.06～5.22 4.37(10)	8.56～15.66 12.86(10)	0.85～1.11 0.97(10)	0.22～0.97 0.48(10)	0～5 1.13(112)	29～338 119.13(98)	0～0.26 0.02(95)	0～0.03 0.01(110)
	分选煤	78.62～83.9 81.17(33)	4.05～5.49 4.62(33)	9.27～15.32 12.8(33)	0.88～1.65 1.07(33)	0.12～0.96 0.34(32)	0～1 0.55(22)	26～153 63.43(23)	0.02～0.06 0.03(5)	0～0.03 0(26)
延8顶	原煤	78.98～82.03 81.3(13)	4.04～5.1 4.37(13)	10.56～13.74 12.72(13)	0.82～1.14 0.95(13)	0.19～1.86 0.67(13)	0～6 1.11(117)	23～370 126.74(10)	0～0.24 0.02(104)	0～1 0.02(116)
	分选煤	77.15～83.84 81.17(38)	4.07～5.11 4.62(38)	9.57～16.49 12.89(38)	0.81～1.64 1.05(38)	0.1～0.73 0.27(37)	0～5 0.92(26)	33～194 66.79(24)	0.02～0.03 0.02(2)	0～0.03 0.01(28)
延9顶	原煤	78.23～83.71 81.21(12)	4.04～4.94 4.4(12)	10.35～15.39 12.87(12)	0.72～1.42 1(12)	0.29～1.26 0.53(12)	0～5 1.04(61)	26～276 122.77(57)	0～0.08 0.02(57)	0～0.02 0.01(59)
	分选煤	79.38～83.97 81.41(23)	4～5.17 4.7(23)	8.98～14.73 12.45(23)	0.87～1.89 1.09(23)	0.1～0.95 0.36(22)	0～2 0.67(15)	1～181 70.53(17)		0～0.03 0.01(17)
延10顶	原煤	75.52～84.87 81.08(15)	4.09～5.36 4.5(15)	8.78～18.93 13.03(15)	0.79～1.22 0.94(15)	0.31～1.04 0.44(15)	0～6 1.18(91)	22～378 117.37(83)	0～0.07 0.02(83)	0～2 0.03(91)
	分选煤	78.61～84.57 81.39(33)	4.04～5.62 4.62(33)	9.87～15.61 12.68(33)	0.82～1.34 1.03(33)	0.14～0.43 0.28(33)	0～13 1.14(22)	36～189 81.65(20)		0～0.08 0.01(22)

表 2-13　各煤层灰成分试验结果汇总表

煤层号	ST/℃)	级别	煤灰成分分析/%						
			SiO_2	Fe_2O_3	Al_2O_3	CaO	MgO	TiO_2	SO_3
延(4+5)顶			22.16～70.28 43.07(12)	1.8～23.99 9.67(12)	9.16～27.18 18.87(12)	3.12～22.91 12.05(12)	0.48～2.57 1.58(12)	0.35～1.43 0.9(12)	2.4～14.68 7.43(12)
延 6 顶	1 138～1 385 1 230(10)	较低软化温度灰	11.8～49.7 35.36(10)	4.10～19.25 8.68(10)	6.69～23.10 15.82(10)	8.06～60.30 23.05(10)	1.41～3.82 2.28(10)	0.05～1.10 0.53(10)	3.18～20.6 8.41(10)
延 7 顶	1 123～1 500 1 233(49)	较低软化温度灰	11.35～62.0 37.87(49)	2.36～31.9 8.37(49)	5.69～30.8 17.17(49)	2.67～28.6 19.09(49)	0.41～5.56 1.99(49)	0.00～1.30 0.52(49)	1.23～18.10 7.99(49)
延 8 顶	1 125～1 500 1 259(56)	中等软化温度灰	5.6～62.1 39.42(56)	1.65～23.6 8.19(56)	3.62～26.8 16.67(56)	2.92～72.1 18.48(56)	0.39～9.29 2.16(56)	0～1.80 0.56(56)	0.82～19.70 7.00(56)
延 9 顶	1 125～1 385 1 246(29)	较低软化温度灰	19.6～62.4 44.5(29)	2.6～14.85 7.17(29)	10.28～25.0 18.46(29)	4.66～40.3 13.84(29)	1.06～5.90 2.13(29)	0.13～1.0 0.63(29)	2.25～17.9 6.24(29)
延 10 顶	1 118～1 500 1 265(44)	中等软化温度灰	11.42～62.0 40.59(44)	0.6～21.2 7.48(44)	3.75～33.9 16.86(44)	2.4～64.83 17.79(44)	0.91～7.88 2.24(44)	0.0～1.2 0.55(44)	1.63～15.8 6.68(44)

(3) 黏结性

区内煤黏结指数为 0，焦渣类型为 2，故区内煤无黏结性(表 2-14)。

表 2-14　各煤层煤质分类

煤层号	延(4+5)顶		延 6 顶		延 7 顶		延 8 顶		延 9 顶		延 10 顶	
分选情况	原煤	分选煤	原煤	分选煤	原煤	分选煤	原煤	分选煤	原煤	分选煤	原煤	分选煤
焦渣类型	2	3	2	2	2	2	2	2	2	2	2	2
黏结指数		0～0 0(24)		0～0 0(24)	1～1 1(1)	0～0 0(76)	1～1 1(1)	0～8 0(87)		0～10 0(48)	1～1 1(1)	0～9 0(69)
煤类	不黏煤		不黏煤		不黏煤		不黏煤		不黏煤		不黏煤	

(4) 煤类

根据国家标准《中国煤炭分类》(GB/T 5751—2009)规定的低变质烟煤分类指标，即分选煤挥发分、黏结指数及透光率三项指标对区内各可采煤层进行煤类划分。

区内煤黏结指数大部分为 0，挥发分一般在 37%以下，煤类属不黏煤(BN31)，个别点出现长焰煤(CY41)。

(5) 煤质及工业用途评述

区内各可采煤层均属特低-低灰、特低硫-低硫、特低磷-低磷、特低氟-低氟、特低砷、特低氯、中高挥发分、高-特高发热量的不黏煤，是良好的气化及液化用煤，也可作为动力用煤。

6. 煤层气

根据纳林希里勘查区采集的 107 个煤层气样分析结果，区内各煤层中的煤层气成分均以 N_2 为主，平均值为 96.21%～98.71%；CO_2 平均值为 0.83%～2.45%；CH_4 占 0～7.01%，平均值为 0.22%～2.08%。属 CO_2-N_2 带；煤层气含量相对较低，CH_4 为 0～0.21 mL/g，CO_2 为 0～0.11 mL/g，N_2 为 2.46～21.06 mL/g，无直接开发利用价值。

第3章　煤炭地下气化有利目标区

3.1　UCG试验地质选区指标体系及初选标准

煤炭地下气化技术面临的地质风险主要有两类——安全性和环保性。安全性主要表现为地表下沉，这与煤种、煤厚、埋深、倾角、顶底板力学性质等因素有关，而后者主要表现为地下水污染，这与煤岩煤质条件、有害元素分布以及水文地质条件有关。

为厘清影响煤炭地下气化的地质因素，构建科学的地质选区选址指标评价体系，本章对影响煤炭地下气化的六大类地质条件进行了系统分析和分级量化，建立了地质选区指标体系。六大类地质条件为煤岩煤质条件、煤层赋存条件、围岩条件、地质构造条件、水文地质条件、其他条件。

（1）煤岩煤质条件主要包括煤级、水分、灰分、挥发分、硫分、反应性、黏结性。

煤质是影响地下气化产气效果和消耗指标的关键因素之一，煤质特性与成煤环境有很大关系，不同区域的同类煤种，其特性也可能存在较大差异。在地下气化过程中，灰分不参与反应，是煤中的无用成分，且当其含量过高时还会给气化过程造成诸多不利影响。煤中灰分较高时，不仅气化过程中的碳损失加大，而且会影响未反应煤与气化剂接触，因此，地下气化应严格限制原煤中的灰分。根据对地面常压固定床的相关规定，按照灰分含量，将用煤分为三个等级：Ⅰ级 $A_d \leqslant 12\%$、Ⅱ级 $12\% < A_d \leqslant 18\%$、Ⅲ级 $18\% < A_d \leqslant 25\%$。

（2）煤层赋存条件主要包括煤层厚度、煤层倾角、煤体结构、可动用煤炭资源量。

煤层厚度对地下气化的影响目前尚无系统的研究，一般认为其对煤气热值、热效率和资源采出率有一定影响。气化煤层的厚度应至少为0.8 m，且当煤层厚度小于2 m时，受顶底板岩层冷却作用影响，会导致地下气化热效率降低，煤气热值下降。但煤层厚度过大，气化率（采出率）会降低。当煤层过厚时，气化开采后燃空区覆岩的垮落范围会增大，裂隙易扩展至含水层或地表，因此，安全的气化煤层总厚度在15.0 m以内。

理论上，任何倾角的煤层都可采用地下气化进行开采，但应从建炉难度和气化过程稳定性两方面进行综合分析，选取最佳的煤层倾角。水平或缓倾斜煤层气化炉易于施工。

煤层结构通常通过其所含夹矸数量和厚度进行评价。煤层中的夹矸多为泥质岩和黏土岩，它的存在会减少煤层的实际厚度，增加煤层的灰分，在地下气化过程中还会增加煤的损失。当煤层的夹矸厚度系数（夹矸总厚/煤层总厚）超过0.3 m时，煤的损失率将达到15%～40%。

（3）围岩条件主要包括顶底板岩性、顶底板厚度。

为避免地下气化开采对顶板含水层产生影响，原则上不允许导水裂隙带沟通含水层，即含水层与气化煤层（开采上限）的距离应大于燃空区顶板的导水裂隙带最大高度。

底板含水层与气化煤层的距离应保障含水层不会被加热到100 ℃。研究表明，当与火焰工作面的距离超过15 m时，围岩的温度将低于100 ℃。

煤层顶底板隔水层是指渗透性较差的岩层，如泥岩和黏土层等。隔水层能有效隔离气化区和含水层，但前提条件是隔水层的结构不被破坏，即裂隙带不完全穿透隔水层。有效隔水层的厚度要求与气化煤质、开采厚度均有关系。

(4) 地质构造条件主要是由地质构造类型决定的，主要为断层、陷落柱以及岩浆岩入侵。

地质构造对地下气化的主要影响在于会破坏煤层的连续性和稳定性，从而中断或使地下气化过程紊乱。断层和陷落柱会破坏煤层的连续性，且构造区域的围岩破碎，易沟通含水层；而岩浆岩侵入煤层，将其切割、穿插、蚕食或吞蚀，不仅影响煤层连续性，而且会改变周围煤层厚度，并提高煤中的灰分含量。

因此，针对实际的地下气化目标煤层，必须在煤层赋存地质构造的勘探(原精查结果)基础上，对断层复杂程度、陷落柱复杂程度等进行量化处理。

(5) 水文地质条件是影响煤炭地下气化的关键因素。

气化区的水文地质条件对地下气化的影响主要有两点：一是过量地下水涌入火焰工作面影响甚至中断气化过程；二是地下气化产生的污染物渗透或迁移污染地下水。为防止上述两种情况发生，应当选择涌水量适宜，且与重要含水层无水力联系的煤层进行地下气化。研究表明，气化炉连续稳定产气时期，涌水量以0.3～0.4 m^3/t为宜，当涌水量超过0.7 m^3/t时，将可能导致气化过程中断。

(6) 其他条件是指在煤炭地下气化过程中，需要考虑和关注的不属于上述地质问题的条件，如研究区勘查程度、与生产矿井距离、与废弃矿井距离等。

通过煤层对比、煤岩煤质、水文地质、工程地质条件分析，本次研究主要依据下列现有数据：煤质灰分、煤层厚度、煤层埋深、控制程度。得到相应的地质选区标准，见表3-1。

区内煤岩煤质差异不大，缺乏水文地质和工程地质资料，该因素待后期勘探后再做评价。

表3-1　地下气化先导试验选区标准

研究区	类别	煤层厚度/m	埋深/m	控制程度/(井/km^2)	灰分A_d/%
杭锦旗	Ⅰ类	>3	<1 300	>0.05	<12
	Ⅱ类	>4	>1 300	<0.05	>12

3.2 煤炭地下气化试验目标区优选

综合煤层厚度、煤层连续性、煤岩煤质特征和选区标准，杭锦旗研究区煤炭地下气化建议选区如下：延9段煤层范围为以锦148井为中心其周边煤层厚度≥3 m的地区组成Ⅰ类区(图3-1)；延10段煤层范围由两个选区组成，西区范围由锦31井和锦118井周边煤层厚度≥4 m的地区组成Ⅱ类区，东区范围以锦112井为中心其周边煤层厚度≥3 m的地区组成Ⅰ类区(图3-2)。选区内煤的视密度为1.30 t/m^3，采用地质块段法估算的资源量见

表 3-2 和表 3-3。

表 3-2　杭锦旗研究区延 9 段煤层建议选区资源量表

煤厚/m	3～4	4～5	＞5	累计
面积/km^2	99.30	53.93	19.98	173.21
资源量/万 t	45 181.50	31 549.05	12 987.00	89 718

表 3-3　杭锦旗研究区延 10 段煤层建议选区资源量表

	煤厚/m	4～5	＞5		累计
西区	面积/km^2	102.08	67.84		169.92
	资源量/万 t	59 716.80	44 096.00		103 813
东区	煤厚/m	3～4	4～5	＞5	累计
	面积/km^2	61.69	19.13	14.02	94.84
	资源量/万 t	28 068.95	11 191.05	9 113.00	48 373

3.3　目标区地质特征分析

杭锦旗研究区煤层埋深普遍小于 1 500 m，实施煤炭地下气化较为稳妥，本书对杭锦旗研究区各选区地质特征总结如下。

3.3.1　锦 148 井区（Ⅰ类）

锦 148 井区地质特征如图 3-3 所示。

1. 工程地质

根据邻区纳林希里的 P14-4 孔（西距 148 井 44.5 km）顶底板岩石力学强度试验和各类岩石的孔隙率、含水率测试结果，细砂岩的孔隙率为 16.83%～23.21%，含水率为 0.65%～1.76%，抗压强度为 22.5～52.8 MPa。中砂岩的孔隙率为 6.3%～26.17%，含水率为 0.5%～3.05%，抗压强度为 15.5～54.3 MPa。粗砂岩的孔隙率为 11.4%～21.8%，含水率为 0.35%～0.83%，抗压强度为 17.9～42.2 MPa。总体来说，随着埋深的增加各类砂岩孔隙率和含水率无明显变化，但抗压强度出现随埋深加大而增大的现象。

2. 水文地质

据泊江海子煤矿延安组复合含水层抽水试验：UN14 孔的涌水量换算后为 $Q=0.66\ m^3/h$，渗透系数 $k=0.013\ 6\ m/d$。UN16 孔的涌水量换算后为 $Q=0.73\ m^3/h$，渗透系数 $k=0.023\ 9\ m/d$。J01 孔的涌水量为 $Q=0.22\ m^3/h$，渗透系数 $k=0.004\ 94\ m/d$。均为弱富水含水层。

由抽水试验知：UN14 孔中含水层段厚度为 31.46 m；UN16 孔中含水层段为细砂岩及以上粒级砂岩，厚度为 20.11 m；J01 孔中试验层厚度为 53.34 m。锦 148 井区选区气化煤层影响范围内上覆含水层厚度为 115.01 m，采用类比法预计锦 148 井区涌水量为 $Q_1=2.41\ m^3/h$，$Q_2=4.17\ m^3/h$，$Q_3=0.47\ m^3/h$，平均涌水量为 $2.35\ m^3/h$；借用泊江海子 3 口井的渗透系数，预计锦 148 井渗透系数为 0.014 1 m/d。

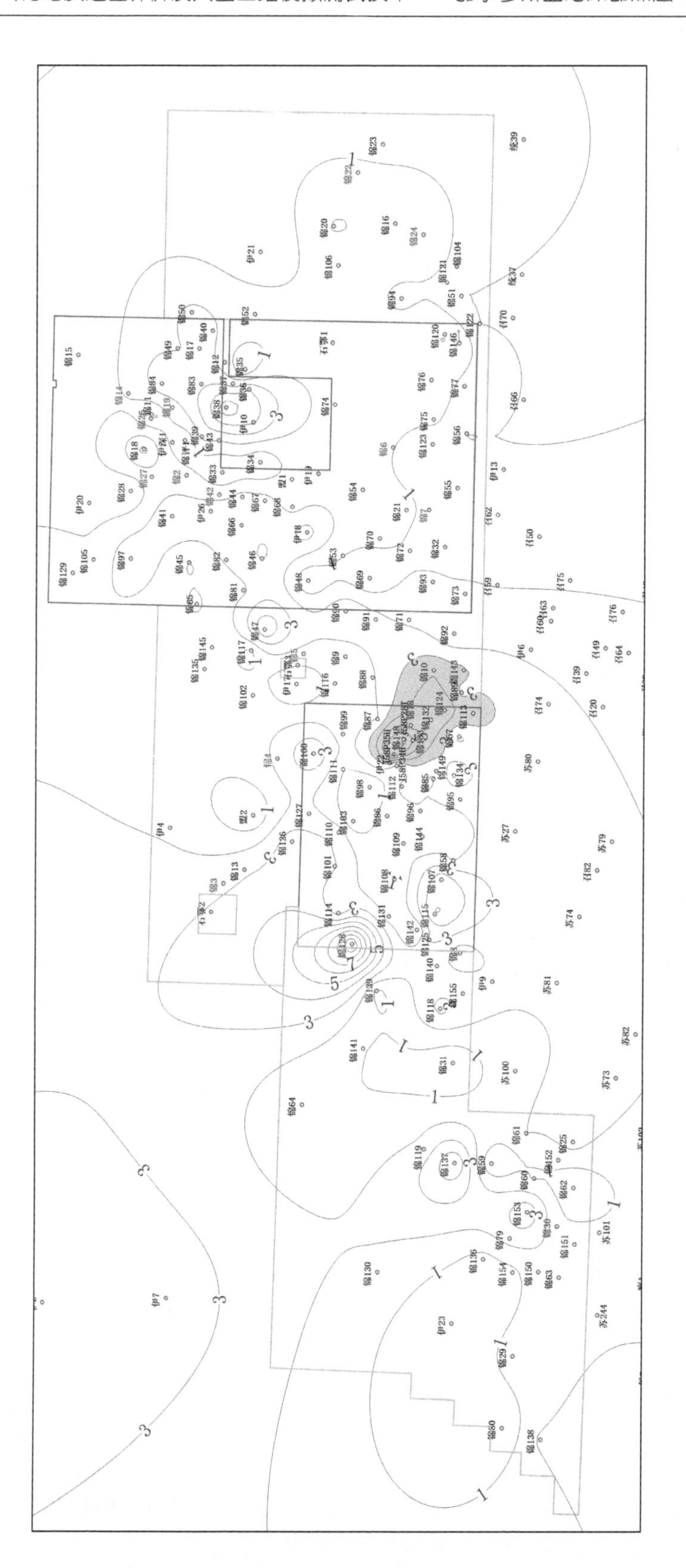

图3-1 杭锦旗研究区延9段顶部煤层煤炭地下气化建议选区（浅蓝色区域）

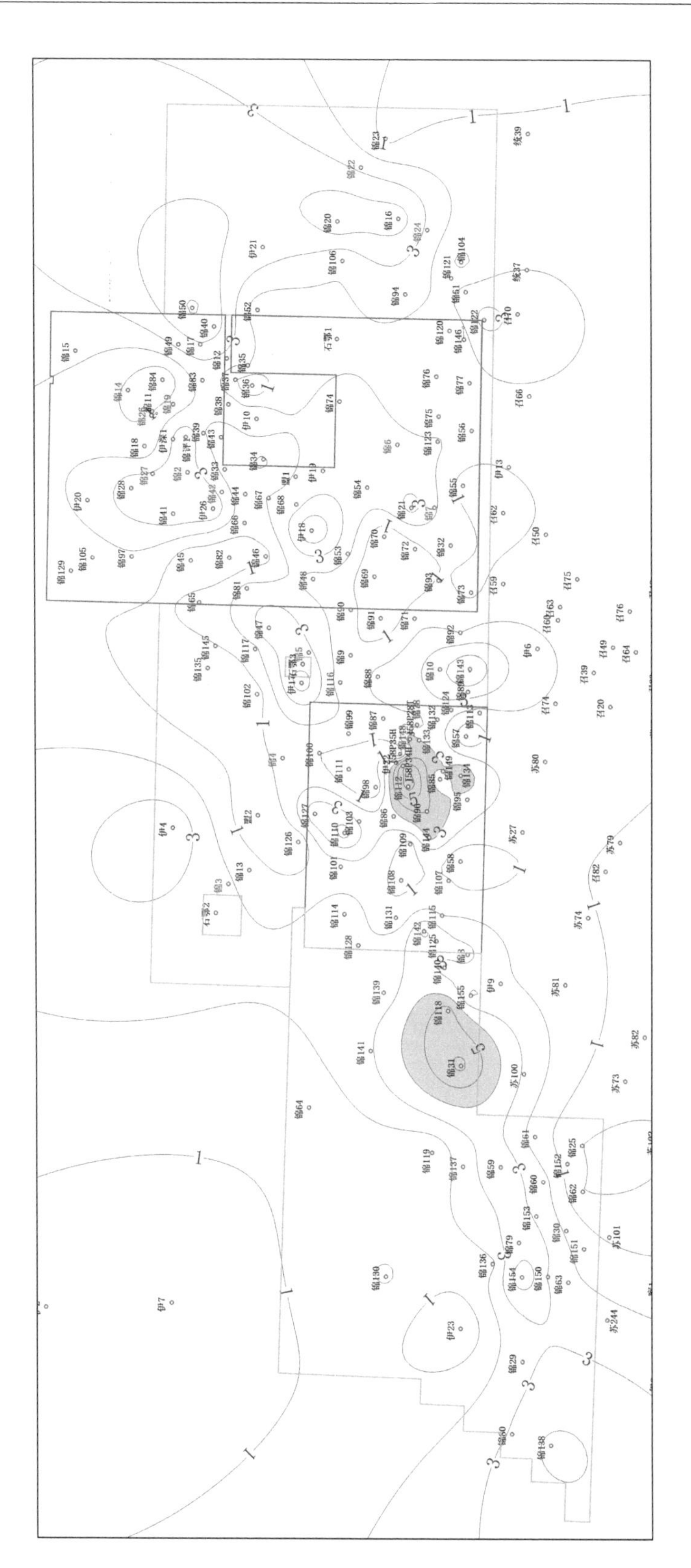

图 3-2　杭锦旗研究区延10段顶部煤层煤炭地下气化建议选区（浅蓝色区域）

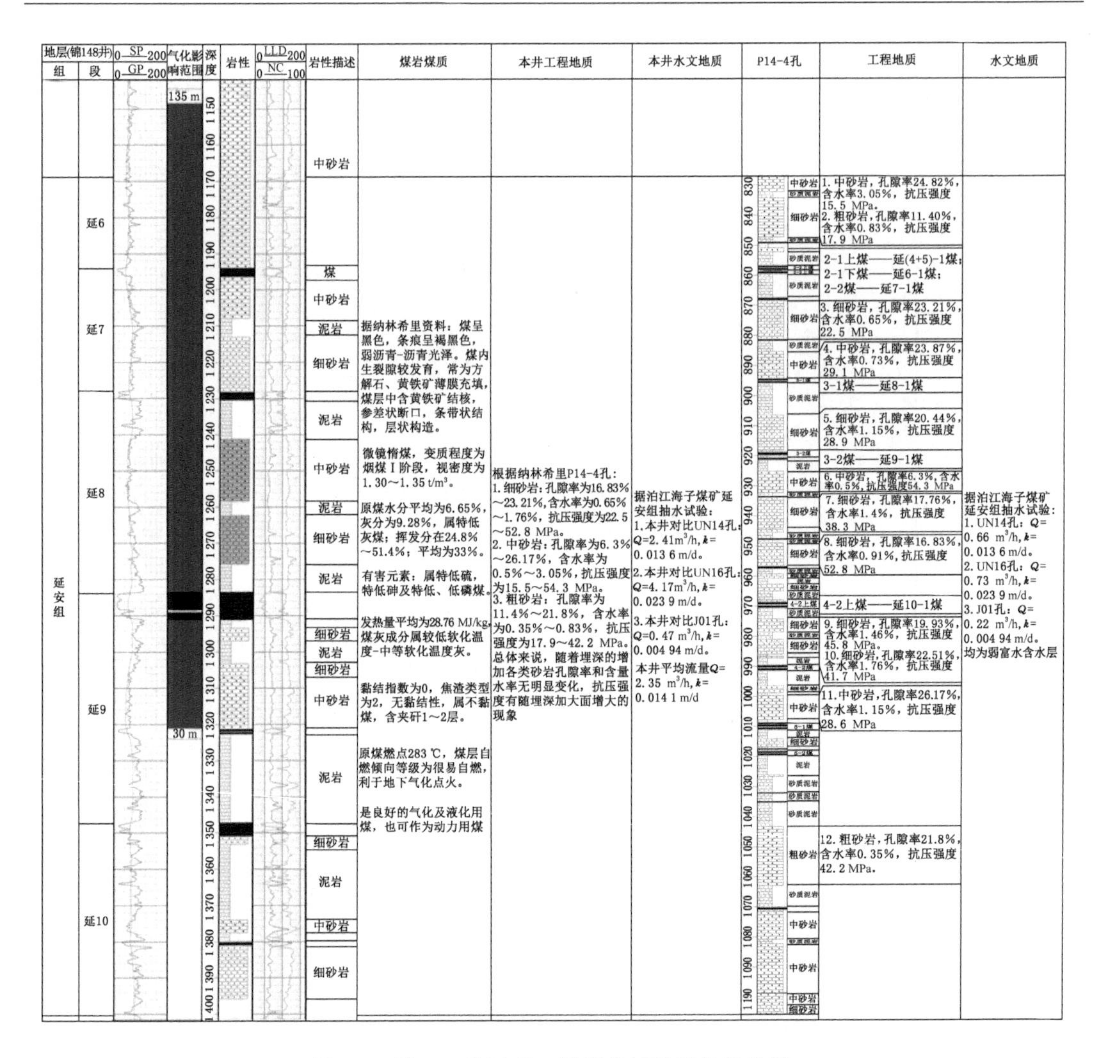

图 3-3　锦 148 井区延 9 煤顶底板地质特征分析

3. 煤岩煤质

区内煤呈黑色，条痕呈褐黑色，弱沥青-沥青光泽。煤内生裂隙较发育，常为方解石、黄铁矿薄膜充填。煤层中含黄铁矿结核，参差状断口，条带状结构，层状构造。属微镜惰煤，变质程度为烟煤Ⅰ阶段。视密度为 1.30～1.35 t/m³。实验室测得原煤水分平均为 6.65%，灰分为 9.28%，属特低灰煤。挥发分为 24.8%～51.4%，平均为 33%。元素分析结果为属特低硫，特低砷及特低、低磷煤。发热量平均为 28.76 MJ/kg，煤灰成分属较低软化温度-中等软化温度灰。黏结指数为 0，焦渣类型为 2，无黏结性，属不黏煤。含夹矸 1～2 层。原煤燃点为 283 ℃，煤层自燃倾向等级为很易自燃，利于地下气化点火，是良好的气化用煤。

4. 气化影响范围

在煤炭地下气化过程中，随着气化通道内的煤炭逐渐消耗，在煤炭原位形成空腔，也就是煤炭地下燃空区，随着气化作用的进行燃空区体积不断增大，形态不断发生变化。这种形态一方面决定着煤炭资源的回收率和生成合成气的质量，另一方面影响气化通道的稳定性，甚至造成围岩变形破坏、裂缝扩展及地表沉降。

地下气化上覆岩层破坏范围尚未有较成熟的计算公式，而原位煤层气化相当于传统开采中一次采全高的技术，根据《煤矿床水文地质、工程地质及环境地质勘查评价标准》(MT/T 1091—2008)，顶板覆岩为中硬性岩时，一次采全高对应导水裂隙带发育高度公式为：

$$H_1 = \frac{100M}{3.3n + 3.8} + 5.1$$

式中　M——煤层累计采厚；

　　n——煤层分层层数。

煤炭地下气化相当于一次采全高，即 $n=1$，锦 148 井中煤层最大厚度 $M=7.59$ m，代入公式计算得 $H_1=112$ m。根据刘潇鹏的研究结果，实际气化煤层相较传统开采方法产生的裂隙带发育高度更大，所以借鉴煤矿防治水煤岩柱留设高度，在传统开采经验公式上再加 3 倍煤厚作为保护层厚度，即煤炭气化上覆岩层破坏高度 $H=135$ m。

借鉴传统开采方法，地下气化底板破坏深度一般为 25 m 左右，考虑到气化高温对围岩的烧变作用，使得破坏深度加大，因此选取 30 m 作为地下气化煤层底板影响范围。

3.3.2　锦 112 井区(Ⅰ类)

锦 112 井区地质特征如图 3-4 所示。

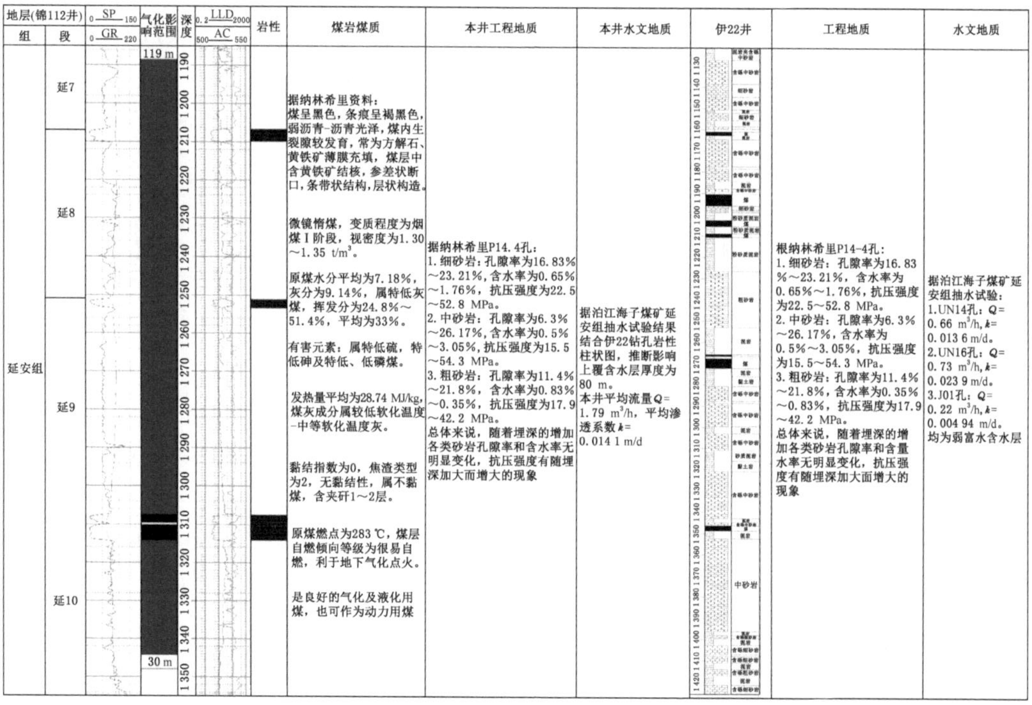

地层(锦112井) 组	段	SP 0–150 / GR 0–220	气化影响范围	深度	LLD 0.2–2000 / AC 500–550	岩性	煤岩煤质	本井工程地质	本井水文地质	伊22井	工程地质	水文地质
延安组	延7 延8 延9 延10		119 m 30 m	1 190 1 200 1 210 1 220 1 230 1 240 1 250 1 260 1 270 1 280 1 290 1 300 1 310 1 320 1 330 1 340 1 350			据纳林希里资料：煤呈黑色，条痕呈褐黑色，弱沥青-沥青光泽，煤内生裂隙较发育，常为方解石、黄铁矿薄膜充填，煤层中含黄铁矿结核，参差状断口，条带状结构，层状构造。 微镜惰煤，变质程度为烟煤Ⅰ阶段，视密度为1.30～1.35 t/m³。 原煤水分平均为7.18%，灰分为9.14%，属特低灰煤，挥发分为24.8%～51.4%，平均为33%。 有害元素：属特低硫，特低砷及特低、低磷煤。 发热量平均为28.74 MJ/kg，煤灰成分属较低软化温度-中等软化温度灰。 黏结指数为0，焦渣类型为2，无黏结性，属不黏煤，含夹矸1～2层。 原煤燃点为283 ℃，煤层自燃倾向等级为很易自燃，利于地下气化点火。 是良好的气化及液化用煤，也可作为动力用煤	据纳林希里P14.4孔： 1.细砂岩：孔隙率为16.83%～23.21%，含水率为0.65%～1.76%，抗压强度为22.5～52.8 MPa。 2.中砂岩：孔隙率为6.3%～26.17%，含水率为0.5%～3.05%，抗压强度为15.5～54.3 MPa。 3.粗砂岩：孔隙率为11.4%～21.8%，含水率为0.83%～0.35%，抗压强度为17.9～42.2 MPa。 总体来说，随着埋深的增加各类砂岩孔隙率和含水率无明显变化，抗压强度有随埋深加大而增大的现象	据泊江海子煤矿延安组抽水试验结果结合伊22钻孔岩性柱状图，推断影响上覆含水层厚度为80 m。 本井平均流量Q=1.79 m³/h，平均渗透系数k=0.014 1 m/d	1 130–1 420 含砾中砂岩 煤 细砂岩 粉砂质泥岩 粗砂岩 泥岩 黏土岩 砂质泥岩 中砂岩	根纳林希里P14-4孔： 1.细砂岩：孔隙率为16.83%～23.21%，含水率为0.65%～1.76%，抗压强度为22.5～52.8 MPa。 2.中砂岩：孔隙率为6.3%～26.17%，含水率为0.5%～3.05%，抗压强度为15.5～54.3 MPa。 3.粗砂岩：孔隙率为11.4%～21.8%，含水率为0.35%～0.83%，抗压强度为17.9～42.2 MPa。 总体来说，随着埋深的增加各类砂岩孔隙率和含量水率无明显变化，抗压强度有随埋深加大面增大的现象	据泊江海子煤矿延安组抽水试验： 1.UN14孔：Q=0.66 m³/h，k=0.013 6 m/d。 2.UN16孔：Q=0.73 m³/h，k=0.023 9 m/d。 3.J01孔：Q=0.22 m³/h，k=0.004 94 m/d。 均为弱富水含水层

图 3-4　锦 112 井区延 10 煤顶底板地质特征分析示意图

1. 工程地质

根据邻区纳林希里的 P14-4 孔(西距 112 井 51.2 km)顶底板岩石力学强度试验和各类岩石的孔隙率、含水率测试结果，细砂岩的孔隙率为 16.83%～23.21%，含水率为 0.65%～1.76%，抗压强度为 22.5～52.8 MPa。中砂岩的孔隙率为 6.3%～26.17%，含水率为

0.5%～3.05%，抗压强度为15.5～54.3 MPa。粗砂岩的孔隙率为11.4%～21.8%，含水率为0.35%～0.83%，抗压强度为17.9～42.2 MPa。总体来说，随着埋深的增加各类砂岩孔隙率和含水率无明显变化，但抗压强度出现随埋深加大而增大的现象。

2. 水文地质

据泊江海子煤矿延安组抽水试验：UN14孔的涌水量换算后为$Q=0.66\ m^3/h$，渗透系数$k=0.0136\ m/d$。UN16孔的涌水量换算后为$Q=0.73\ m^3/h$，渗透系数$k=0.0239\ m/d$。J01孔的涌水量为$Q=0.22\ m^3/h$，渗透系数$k=0.00494\ m/d$。均为弱富水含水层。

由抽水试验知：UN14孔中复合含水层厚度为31.46 m；UN16孔中含水层段为细砂岩及以上粒级砂岩，厚度为20.11 m；J01孔中试验层厚度为53.34 m。参照泊江海子煤矿UN14孔、UN16孔和J01孔抽水试验结果，结合伊22井岩性柱状图，推断锦112井区上覆影响含水层厚度为80 m，预计锦112井区的涌水量为$1.78\ m^3/h$，渗透系数为0.0141 m/d。

3. 煤岩煤质

区内煤呈黑色，条痕呈褐黑色，弱沥青-沥青光泽。煤中内生裂隙较发育，常为方解石、黄铁矿薄膜充填。煤层中含黄铁矿结核，参差状断口，条带状结构，层状构造。属微镜惰煤，变质程度为烟煤Ⅰ阶段。视密度为$1.30～1.35\ t/m^3$。实验室测得原煤水分平均为7.18%，灰分为9.14%，属特低灰煤。挥发分为24.8%～51.4%，平均为33%。有害元素分析：属特低硫，特低砷及特低、低磷煤。发热量平均28.74 MJ/kg，煤灰成分属较低软化温度-中等软化温度灰。黏结指数为0，焦渣类型为2，无黏结性，属不黏煤。煤层含夹矸1～2层。原煤燃点为283 ℃，煤层自燃倾向等级为很易自燃，利于地下气化点火，是良好的气化用煤。

4. 气化影响范围

仍是根据前述《煤矿床水文地质、工程地质及环境地质勘查评价标准》(MT/T 1091—2008)中的公式计算地下气化上覆岩层破坏范围：

$$H_1 = \frac{100M}{3.3n + 3.8} + 5.1$$

对于锦112井，$n=1$，煤层厚度$M=6.66$ m，代入公式计算得$H_1=99$ m。仍然借鉴煤矿防治水煤岩柱留设高度，在传统开采经验公式上再加3倍煤厚作为保护层厚度，即煤炭气化上覆岩层破坏高度$H=119$ m。

借鉴传统开采方法，地下气化底板破坏深度一般为25 m，考虑到气化高温对围岩的烧变作用，使得破坏深度加大，因此选取30 m为地下气化煤层底板影响范围。

3.3.3 锦31井区(Ⅱ类)

锦31井区地质特征评价如图3-5所示。

1. 工程地质

根据邻区纳林希里的P14-4孔(西距31井91.4 km)顶底板岩石力学强度试验和各类岩石的孔隙率、含水率测试结果，细砂岩的孔隙率为16.83%～23.21%，含水率为0.65%～1.76%，抗压强度为22.5～52.8 MPa。中砂岩的孔隙率为6.3%～26.17%，含水率为0.5%～3.05%，抗压强度为15.5～54.3 MPa。粗砂岩的孔隙率为11.4%～21.8%，含水率为0.35%～0.83%，抗压强度为17.9～42.2 MPa。总体来说，随着埋深的增加各类砂岩孔隙率和含水率无明显变化，但抗压强度出现随埋深加大而增大的现象。

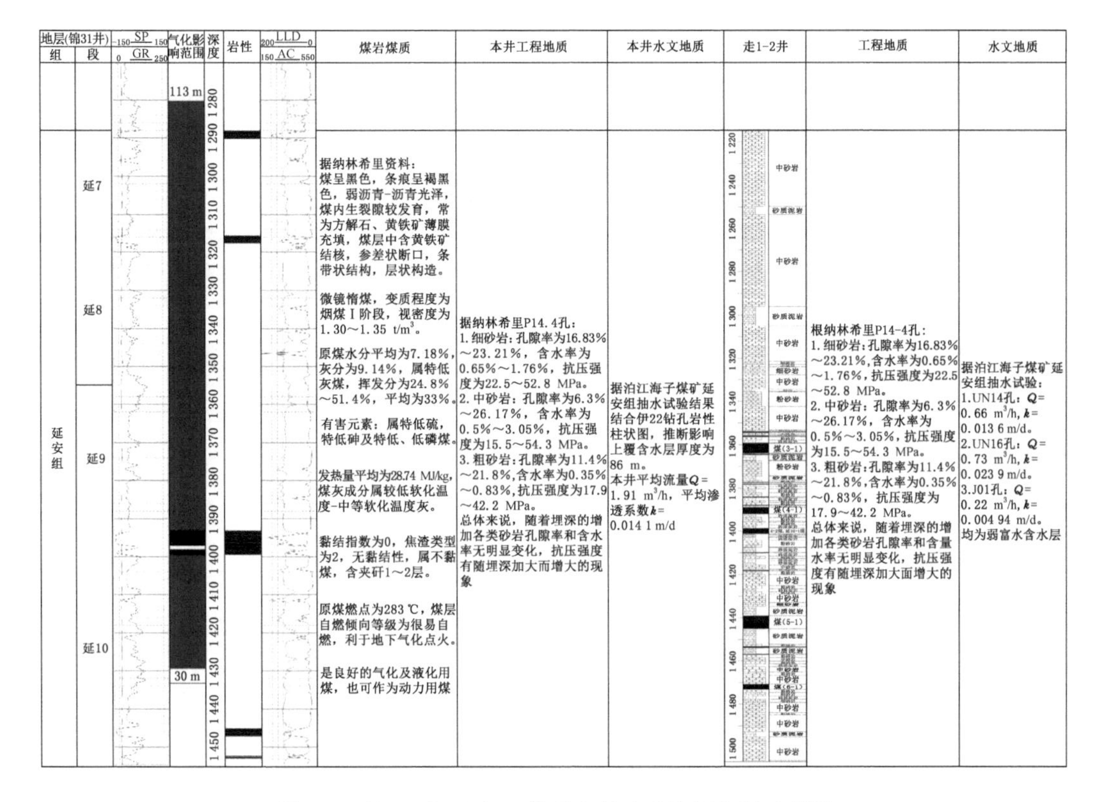

图3-5　锦31井区延10煤顶底板地质特征分析示意图

2. 水文地质

据泊江海子煤矿延安组抽水试验：UN14孔的涌水量换算后为$Q=0.66\ m^3/h$，渗透系数$k=0.013\ 6\ m/d$。UN16孔的涌水量换算后为$Q=0.73\ m^3/h$，渗透系数$k=0.023\ 9\ m/d$。J01孔的涌水量为$Q=0.22\ m^3/h$，渗透系数$k=0.004\ 94\ m/d$。均为弱富水含水层。

由抽水试验知：UN14孔中含水层段厚度为31.46 m；UN16孔中含水层段为细砂岩及其以上粒级砂岩，厚度为20.11 m；J01孔中试验层厚度为53.34 m。参照泊江海子煤矿UN14孔、UN16孔和J01孔抽水试验结果，结合走1-2钻孔岩性柱状图(西北距锦31井14.4 km)，推断锦31井区上覆影响含水层厚度为86 m，预计锦31井区的涌水量为1.91 m^3/h，渗透系数为0.014 1 m/d。

3. 煤岩煤质

区内煤呈黑色，条痕呈褐黑色，弱沥青-沥青光泽。煤中内生裂隙较发育，常为方解石、黄铁矿薄膜充填。煤层中含黄铁矿结核，参差状断口，条带状结构，层状构造。属微镜惰煤，变质程度为烟煤Ⅰ阶段。视密度为1.30～1.35 t/m^3。实验室测得原煤水分平均为7.18%，灰分为9.14%，属特低灰煤。挥发分为24.8%～51.4%，平均为33%。有害元素分析：属特低硫，特低砷及特低、低磷煤。发热量平均为28.74 MJ/kg，煤灰成分属较低软化温度-中等软化温度灰。黏结指数为0，焦渣类型为2，无黏结性，属不黏煤。煤层含夹矸1～2层，原煤燃点为283 ℃，煤层自燃倾向等级为很易自燃，利于地下气化点火，是良好的气化用煤。

4. 气化影响范围

仍然根据前述《煤矿床水文地质、工程地质及环境地质勘查评价标准》(MT/T 1091—2008)中顶板覆岩为中的公式计算地下气化上覆岩层破坏范围：

$$H_1 = \frac{100M}{3.3n + 3.8} + 5.1$$

对于锦 31 井，$n=1$，煤层厚度 $M=6.30$ m，代入公式计算得 $H_1=94$ m。仍然借鉴煤矿防治水煤岩柱留设高度，在传统开采经验公式上再加 3 倍煤厚作为保护层厚度，即煤炭气化上覆岩层破坏高度 $H=113$ m。

借鉴传统开采方法，地下气化底板破坏深度一般为 25 m，考虑到气化高温对围岩的烧变作用，使得破坏深度加大，因此选取 30 m 为地下气化煤层底板影响范围。

第 4 章　UCG 试验总体方案

4.1　UCG 试验方案及研究方法

4.1.1　UCG 试验方案

本次 UCG 试验使用的煤样为泊江海子煤矿 3-1 主采煤层煤样，主要采用的设备为自制气化炉、注气系统（制氧机、空气压缩机、蒸汽发生器、CO_2/N_2、混合器、流量计）、气化过程监测系统（声发射监测系统、温度监测系统、气相色谱仪、压力盒、流量仪）、冷却净化系统（水洗塔、过滤箱、二次净化装置）、气化炉液压供应系统等。

本次试验的主要目的是考察不同气化剂作用下气化的结果，进而找出最优气化剂类型，因此通过改变气化剂相关的操作参数，考察气化剂为"富氧空气（氧气浓度 40%、45%、50%）"和"富氧空气＋水蒸气（氧气浓度 40%、45%、50%）"条件下，气化煤气成分、热值、产气量、气化煤量、产气速率、气化效率等一系列煤炭地下气化参数。试验的具体方案如见表 4-1 所示。

表 4-1　UCG 试验设备及相关操作参数

试验	设备	煤样	操作参数	目标参数
大型三维模拟试验	自制气化炉、注气系统、监测系统、净化系统、液压供应系统	泊江海子煤矿 3-1 主采煤层煤样	富氧空气； 富氧空气＋水蒸气； N_2+CO_2 灭火； 水蒸气	气化煤气成分、热值、产气速率及产气量；气化煤量及速率；气化效率；温度分布、气化区分布衍化

4.1.2　目标煤层煤炭工业及元素分析

以满足煤炭地下气化试验选区为目标，针对鄂尔多斯盆地杭锦旗研究区中生界延安组与古生界山西组、太原组目标层段的煤炭开展化验分析工作，获取煤炭性质相关参数，并通过对目标煤层取样进行工业分析和化学元素分析。

试验使用的煤样采自塔然高勒矿区泊江海子煤矿，处于东胜煤田西北缘。采样煤层为正开采的延安组 3-1 号煤层[相当于延 6～延(4＋5)的煤层]。

同时开展对目标煤层特征的研究，落实煤层的物性条件与含水特征。试验的取样煤层为泊江海子煤矿 3-1 主采煤层，其煤层埋深为 807.3～851.4 m，煤层均厚为 5.36 m。煤层一般含 1～2 层夹矸，单层夹矸厚 0.05～0.8 m，夹矸多为泥岩，局部为砂质泥岩及炭质泥岩，煤层莫氏硬度系数 2～3。煤层直接顶以砂质泥岩为主，中、厚层状，局部夹薄层细砂岩和煤线，层理极为发育；煤层直接底主要为砂质泥岩与粉砂岩互层。其煤层的岩性综合柱状图如图4-1所示。

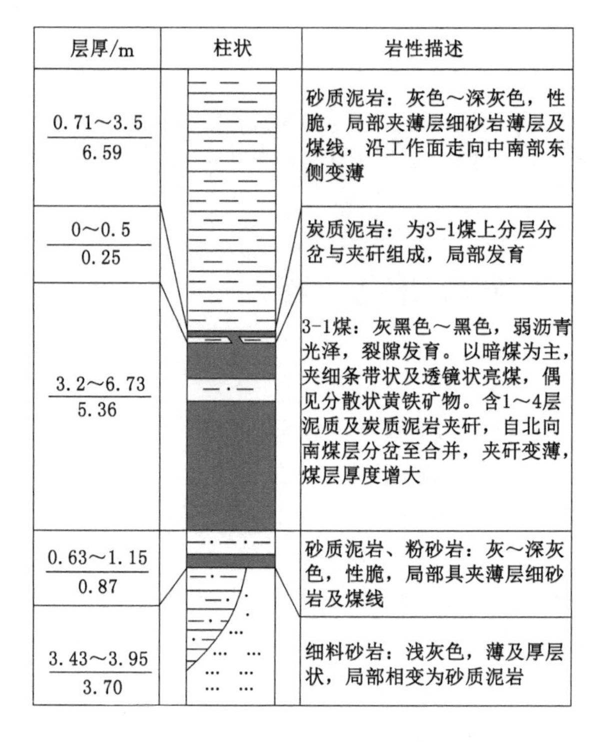

图4-1　泊江海子煤矿延安组岩性综合柱状图

目标煤层煤炭性质主要包括煤炭的种类、元素成分、固定碳、挥发分、灰分、含水分、含硫量等。具体成分见表4-2、表4-3。

表4-2　煤炭工业分析表

水分/%	灰分/%	挥发分/%	固定碳/%	全硫/%	发热量/(MJ/kg)	燃料比	灰熔融点/℃
8.19	4.2	33.06	63	0.39	25.736	1.09	1 350

表4-3　煤炭元素分析表

元素分析/%					发热量/(MJ/kg)
C	H	N	S	O	
79.745	4.42	1.005	0.185	10.445	25.736

4.1.3　试验系统设计

1. 试验系统设计

本试验首先基于试验目标煤层煤炭性质、厚度、深度、覆岩条件、煤矿床和水文地质等条件，设计目标煤层大型煤炭地下气化模拟试验系统（气化通道形式、气化管路设计、气化炉密封设计、气化区域压力等）并进行试验，通过辅助试验优化各项设计参数；其次通过试验研究、数据收集与分析、理论模型构建与计算、能量回收评价与气化效率分析等，确立并评价整个煤炭地下气化过程的气化效果，为现场地下气化试验奠定技术及参数基础。

基于研究区中生界延安组和古生界山西组、太原组小层划分对比分析，依据选取目标层段的煤层埋藏条件进行系统设计，并使用与目标煤层煤质相近的煤样进行实验室测试验证（包括点火时间及点火给电强度等），并对气化粗煤气冷却净化设备改进，包括焦炭过滤塔和喷淋塔以及前端冷却等。

在本试验过程中根据实际气化情况，富氧空气气化不少于 3 组次，富氧-水蒸气气化剂参数依据目标煤层物理化学分析结果及水文地质条件确定；对净化气化煤气取样并进行气体组分考察与计算不少于 30 组次；利用基于化学计量理论的原创性气化效果评估方法对煤炭地下气化过程进行分阶段及全过程能量回收评价；对气化过程中气化炉温度、注气及产气流量、注气压力等进行气化全过程监测及分析；对微震/声发射（MS/AE：microseism/acoustic emission）进行全过程监测，并基于优化的原创计算程序代码进行分析、计算和评价。

在设计点火位置点火成功后，通过可控制供气系统向燃烧区内严格按照试验设计气化剂注入参数有序注入气化剂（纯氧、富氧空气、水蒸气等），以便于考察注入气体成分和流量对气化效率的影响。在气化过程中，气化通道周围的煤和围岩会出现破裂、垮落等运移现象，使用 MS/AE 监测系统可以连续采集到大量的微震/声发射信号。根据微震/声发射事件各参数的变化特征及空间位置分布，结合对温度分布的监测、试验后对气化区不同方位截面的考察，以及岩体力学理论、矿压与岩层控制理论的相关知识，分析微震/声发射事件的“时-空-能”参量的分布规律与气化区煤岩状态和背景应力场变化的关系。

在整个气化过程中，定期对产生的气化煤气取样并保存（备用做详细分析），实时监测温度、压力、AE 活动（事件数、计数率、相对能量等参数和示波器记录的波形）、模型重量，并使用气相色谱仪分阶段实时监测分析气化产物气成分。

对整个地下气化过程的温度和微震/声发射实时监测结果进行分析并对比评价，给出气化过程中温度变化与 MS/AE 活动的关系，以及分析声发射信号活动对应的气化区煤岩破裂及演化规律。

通过试验及理论研究，完善优化 MS/AE 标定计算的原创程序代码并建立气化区标定模型；确立以 MS/AE 活动“时-空-能”分布特征来表征地下气化区破坏程度及运移演化范围。

通过试验研究、分阶段对比评价等方法，研究氧气浓度、汽氧比、注气流量等参数对产气组分变化的影响规律。

综上所述，试验设计目标如下：建立以 MS/AE 多参量为基础的煤炭地下气化燃烧区破坏标定模型；确立以 MS/AE 活动“时-空-能”分布特征来表征地下气化区破坏程度及运移演化范围；获得研究氧气浓度、汽氧比、注气流量等参数对产气组分变化的影响规律；基于化学计量理论，完善气化煤气热值计算方法，以更准确地获得先导试验参数和评价气化效率，通过计算评估煤的消耗量、煤气产率、可燃气体量、气化产物热值及能量回收率等。

2. 试验气化剂设计

目前进行的地下气化试验工程中，气化剂的选择主要包括：① 用空气作气化剂，生产空气煤气，成分以 CO 为主，H_2 较少，热值较低。② 用富氧或纯氧作气化剂，煤气成分以 CO 为主，H_2 较多，热值中等，成本较高。③ 用富氧-水蒸气作气化剂，采用两阶段法生产水煤气，成分以 H_2、CO 为主，有少量 CH_4，热值较高。④ 用富氧-二氧化碳作为气化剂，生产富含 CO 的煤气，煤气中的 CO_2 含量较高，可通过将煤气中 CO_2 分离循环注入到气化炉中，促进碳与二氧化碳的还原反应，生成 CO。上述不同气化剂可以互相组合，以控制生产可燃组分浓度不同的煤气。

工业化工厂主要采用空气作为气化剂，它所产生的煤气热值虽然不高，但由于空气廉价，气化成本较低，经济效益仍十分明显。用富氧或富氧-水蒸气作为气化剂从技术上讲都是可行的，生产的煤气热值较高，但氧气的生产储备需要很多设施，要利用空分设备从空气中将氧气分离出来，而水蒸气的制备需要蒸汽锅炉。在投资充足时，可以进行富氧气化或选择不同配比的气化剂生产不同用途的煤气。

(1) 氧浓度

气化剂中氧浓度越高，气化炉内煤氧化反应越剧烈，从而提高炉温，在气化区形成较高的温度场，为吸热反应提供温度条件。氧浓度的提高，导致氮气等惰性气体浓度的降低，使煤气中可燃气体组分升高，提高煤气热值。

(2) 水蒸气

在采用水蒸气作为气化剂时，水蒸气与氧气的体积比称为汽氧比。氧气含量的增加有利于二氧化碳的生成，并放出大量的热，使炉内形成高温温度场。增加水蒸气含量，可充分利用炉内高温温度场，使水蒸气发生分解反应，并生成主要可燃成分(氢气和一氧化碳)以提高煤气中可燃气体组分和浓度。但水蒸气的分解反应是吸热反应，过量的水蒸气会使炉内温度降低，从而终止水蒸气分解反应的进行。此外，过量的水蒸气还会使炉内发生水煤气变换反应，引起煤气中氢气和二氧化碳含量增加，一氧化碳含量降低。

(3) 惰性气体

惰性气体主要包括氮气和二氧化碳。其中，以空气为气化剂，占比 79% 的氮气在整个气化过程中不参与反应，但会降低化学反应气体的浓度，同时大量的氮气还会带走热量，对煤炭地下气化的热环境不利。二氧化碳虽然是煤气化过程的产物，但是也可以作为气化剂注入到地下气化炉中。注入二氧化碳有利于碳和二氧化碳的还原反应发生，生成更多的一氧化碳。国内外多次现场试验表明，将二氧化碳作为气化剂注入到地下气化炉中，可以提高煤气中一氧化碳气体的产出率。

3. 温度及声发射活动监测

煤岩体破裂声发射信号具有多参量、多层次的复杂分布，并具有典型的非线性特征。煤炭地下气化试验过程中，随着气化剂的不断注入，目标煤层温度不断升高，高温产生的热应力会导致煤体不断破裂，并释放大量声发射信号，利用声发射传感器接收到的 AE 信号，获得了在煤层中产生微裂纹的触发时间，利用声发射震源标定程序计算在气化过程中声发射震源触发位置。坐标原点设置在气化模型的中心位置。

4.1.4 试验结果分析及能量回收评价

1. 信息分析及基于 MS/AE 活动参量的地下气化煤岩破裂区标定模型

为进一步提高标定计算精度，充分考虑目标煤层内部介质的不均一性和气化区移动演化的影响，优化弹性波(P 波)速度理论计算模型(图 4-2)。

结合试验监测的声发射数据及理论模型，编写相关源代码计算程序，解释和分析气化区不同温度和应力状态下声发射活动规律，实现以声发射监测信息标定和评价气化区煤岩体破坏位置和破坏程度，并据此建立基于声发射前兆信息识别的多参量地下气化煤岩破裂区

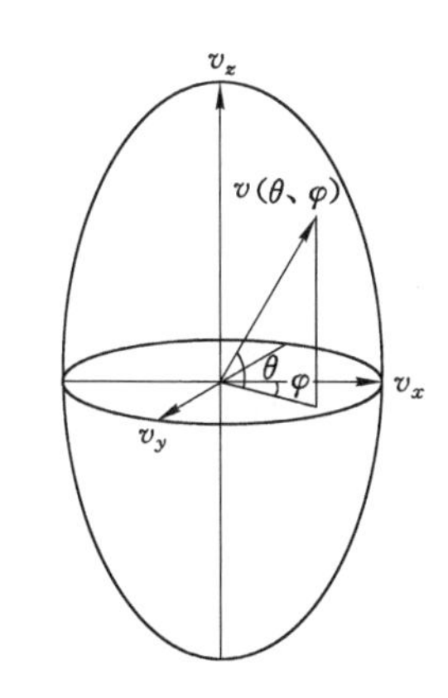

v_x, v_y, v_z— 各轴方向分速度；

$$v(\theta、\varphi)=\sqrt{\frac{1}{\frac{\cos^2\theta\cos^2\varphi}{v_x^2}+\frac{\sin^2\theta\ \cos^2\varphi}{v_y^2}+\frac{\sin^2\varphi}{v_z^2}}}\ ;$$

$$T_i=f_i(x, y, z, T)$$

$$=\frac{[(x-x_i)^2+(y-y_i)^2+(z-z_i)^2]^{\frac{1}{2}}}{C_{pi}}+T;$$

(x, y, z) 空间震源坐标；

C_{pi}—P波速度；T—破坏发生时刻。

图 4-2　椭圆速度计算模型

标定模型，表征其破坏程度及演化范围。

2. 生成气体成分及热值评定

煤炭地下气化过程中，通过取样和气相色谱仪实时在线监测气化煤气的组分，并粗略计算煤气热值。试验完成后，通过我们创立的基于化学计量理论的热值计算方法，对各阶段地下气化过程进行能量回收评价。

点火成功后，根据设计的注气成分及流量向气化区注入气化剂，并全程记录及分析气化过程中产气速率、气体产物组分及气体热值随时间的变化情况。整个试验过程中，对模拟煤层的重量进行实时在线监测，将所得结果与气化能量回收评价结果进行比较。

3. 气化能量回收评价

煤炭地下气化过程中地下气化腔体的形成及演化是一个动态的过程，是气化通道空间膨胀与氧化表面扩大并伴随大量裂隙产生及不断扩展垮落的结果。在煤炭地下气化过程中，只能通过远程监测并对监测数据分析评估，并不存在可以直接进行原位测量的方法。本研究采用基于化学计量法的能量回收评价方法估算煤炭消耗量及气化效率等相关结果。气化过程中发生的化学反应可总括如下：

$$CH_mO_n+\alpha O_2+\beta H_2O \longrightarrow aH_2+bCO+cCO_2+dCH_4 \tag{4-1}$$

在该反应中，α 和 β 分别表示 O_2 和 H_2O 的平衡系数，m 和 n 由煤样品的最终分析得出。a、b、c 和 d 从气体分析结果得出，分别代表 H_2、CO、CO_2 和 CH_4 的气体含量。因此根据对生产气的测量，可以反算出气化反应的煤炭消耗量。

为进一步评估气化过程的气化效率，提出了能量回收率(R_g)的定义即实际单位质量煤炭气化生成的气体完全燃烧产生的热量与煤炭自身发热量的比值，计算公式如下：

$$R_g=(v\times Q_u)/Q_c\times 100\% \tag{4-2}$$

其中，v_d 是产气速率，Q_u 是单位气体热值，Q_c 是试验使用的煤的发热量。通过将多组气化试验数据进行分析对比，可以得出气化效率的差异，进而对气化方案进一步优化。

4. 气化区安全灭火及断面调查

通过惰性气体阻燃的原理研究地下气化区安全高效灭火技术：通过向气化炉内通入以 CO_2-N_2 为主的混合气化剂，观察惰性气体的灭火效率。

试验模型冷却结束后，向气化区进行石膏注浆，并待其凝固后对气化区不同位置采用截面开挖，考察气化区在不同气化阶段的燃空区发育扩展情况，并与温度及声发射活动监测评价结果进行对比验证。

4.2 UCG 试验系统构建

本次试验场地位于山东省青岛市黄岛区的鹏特机电设备有限公司，煤炭地下气化大型模拟试验系统搭建与试样准备工作开始于 2020 年 9 月，正式试验起始于 3 月 5 日，结束于 4 月 8 日。

如图 4-3 所示，3 月 5 日—3 月 20 日为试验的前期准备阶段；3 月 21 日—3 月 26 日为试验气化阶段；3 月 27 日—4 月 8 日为试验的后期处理即断面观察阶段。

试验进程	日期	
	3月	4月
试验前期准备阶段	5 ▬▬▬ 20	
地下气化试验阶段	21 ▬ 26	
断面观察阶段	27	▬ 8

图 4-3　试验时间流程图

本次试验使用自主设计研发的地下气化试验系统进行试验，整体气化试验系统示意图如图 4-4 所示。地下气化试验系统根据不同功能可划分为以下子系统模块：中央控制系统、气化炉主体、气化剂注入系统、气化过程实时监测系统、气化煤气冷却净化收集系统、气化煤气在线分析系统。

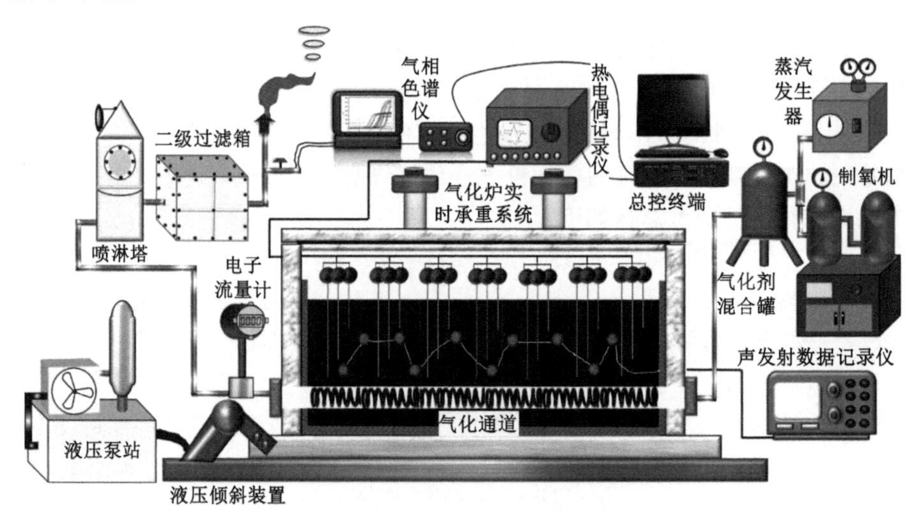

图 4-4　地下气化模拟试验系统示意图

4.2.1　中央控制系统与气化炉主体

中央控制系统主要由控制主机、中央控制柜与显示器组成。试验设备中压力、温度、流量传感器与中央控制柜连接，各子系统采集的信号通过中央控制柜并行处理后传输至主机进行统一响应，并对整个气化试验过程中产生的气化区温度、气化炉内压力、注气流量及压力、产气流量及压力、气化炉重量等数据进行收集储存，对异常数据进行报错。

本次试验所用气化炉主体为长方箱体形式，由耐热不锈钢钢板焊接而成，样式如图 4-5 所示。气化炉主体由底座、气化炉箱体、气化炉盖、顶部加载装置(0～1.5 MPa)、液压摇臂以及配套传感器系统组成。气化炉箱体尺寸长为 3 m，宽为 1.4 m，高为 3.1 m。气化炉盖内部加装密封带，整个气化箱体由特厚不锈钢钢板焊接，保证了炉体的高气密性。顶部加载装置由四根不锈钢立柱与加载横梁构成，横梁下有链条与气化箱体连接，能够实现法向加载和反向加载(悬吊称重)的功能。液压摇臂在启动后可使气化箱体倾斜，实现倾斜煤层的铺设以及完成气化腔体的侧向注浆等工作。

图 4-5　气化炉主体

该设备为自主研发设计，具有以下功能：

(1) 本试验系统可对不同设计参数下(煤质、气化通道形式、气化剂成分及比例、操作压力以及煤层角度等)的气化过程中气化区破坏活动、温度、应力和气体成分及热值等进行连续监测。

(2) 本试验系统通过液压力均匀给压，通过对注入的混合气体进行加压来模拟目标煤层气化区上覆岩层压力及气化压力。

(3) 本试验系统可进行“高效同轴”及“U 字形”“L 字形”“V 字形”气化通道系统试验。

(4) 本试验系统同时可针对急倾斜煤层设计多角度、回旋型地下气化系统。

(5) 本试验系统通过设计运用中远程三轴破坏监测评价系统，精确定位气化区破坏位置及演化过程。

(6) 本试验系统设计安装分层定向温度监测系统，不仅可以准确监测气化区温度变化，还可通过自行设计的计算程序实时获得目标煤层的三维温度分布情况。

(7) 本试验系统可在气化过程中实时监测目标煤层的重量变化，进而对得到的气化煤量等进行验证。

4.2.2　气化剂注入系统

1. 制氧机

氧气作为气化剂主要成分之一，能保障气化反应的正常进行。煤炭地下气化试验由于持续周期较长，对氧气的需求水平很高。为了满足此需求，本试验过程中采用吸附式制氧机

(KHO 型变压吸附式制氧机)制取氧气，该装置工作原理简单，它将空气中的氧气吸附进储氧罐并不断提纯后输送至气化剂混合罐。该制氧机制取氧气能力强，制氧浓度在 21%～95%范围内，满足试验供氧需求。

制氧机设备如图 4-6 所示，该设备采用优质分子筛为吸附剂，利用 PSA(pressure swing adsorption，变压吸附)原理，直接从压缩空气中获取氧气。氧气流量可达到 5～250 Nm^3/h，氧气纯度为 21%～95%。整机设备操作简单、安装方便、自动化程度高，配备不合格氧气自动排空装置，可实现无人化运行。

图 4-6　KHO 系列变压吸附式制氧机

KHO 系列制氧机由微油螺杆式空气压缩机(图 4-7)、高效除油器、组合式干燥机、精密过滤器、活性炭吸附器、空气缓冲罐、制氧机组、氧气缓冲罐、程控气动阀、调压阀、流量计、仪表控制、自动化设备等部分组成。

图 4-7　微油螺杆式空气压缩机

微油螺杆式空气压缩机是一种双轴容积式回转型压缩机，进气口开于机壳之上端，排气口开于下部，一对高精密度主(阳)、副(阴)转子，主(阳)转子有五个型齿，而副(阴)转子有六个型齿。该空气压缩机的参数如下：转速为 3 000 r/min，额定电压为 380 V/50 Hz，额定功率为 11 kW；额定排气压力为 0.8 MPa，容积流量为 2.4 m^3/min，整机质量为 240 kg，外形尺寸为 280 mm×400 mm×420 mm。

2. 空气供应装置

在气化剂注入系统中，由于试验要求具有连贯性以及长期性，所以选择较为稳定的皮带式空气压缩机(图 4-8)，该设备具有以下特点。

图 4-8　皮带式空气压缩机

活塞环采用双刮油环设计，润滑油消耗量少；曲轴采用双平衡支撑，振动小，磨损部位表面进行硬化处理；连杆采用精密加工，具备标准平衡度，使主机运转平稳；采用高质量轴承，使用寿命长；冷却排气钢管由高效散热片和钢管组成，散热效果明显。该皮带式空气压缩机参数如下：匹配功率为 4.0 kW，工作压力为 0.8 MPa，转速为 800 r/min，整机质量为 136 kg，外形尺寸为 1 360 mm×450 mm×990 mm，公称容积流量为 0.6 m^3/min。

3. 水蒸气制造装置

本次试验采用的水蒸气发生器如图 4-9 所示。水蒸气发生器也称小型电蒸汽锅炉、微型电蒸汽锅炉等，是一种自动补水、加热，同时连续地产生低压蒸汽的微型锅炉，小水箱、补水泵、控制操作系统成套一体化，不需进行复杂的安装，只要接通水源和电源即可。

该水蒸气发生器的参数如下：环境温度为 6 ℃，试验水温为 20 ℃，压力表量程为 0～1.6 MPa，压力表精度为 1.6 级，工作压力为 0.4 MPa，试验压力为 1.05 MPa，压力保持时间为 20 min，额定功率为 9 kW，额定蒸发量为 13 kg/h，额定工作压力为 0.4 MPa，额定储水量为 20 L，额定蒸汽温度为 151 ℃。

将氧气、空气和蒸汽供应到气体定量混合器，并调整每个阶段的流量，以便确定混合比。对于混合氧化剂的注入流量，每半小时记录一次混合器流量计的数值。氧化剂的氧气浓度由空气和氧气的混合比计算。

4. 气体定量混合装置

在气化试验过程中，将上述设备制取的氧气、空气、水蒸气等气体供应至气体定量混合器(图 4-10)，并对应不同阶段试验设定气化剂注入参数，调整各气体的流量及浓度，每半小时记录一次混合器输入流量与输出流量的数值。气化剂中氧气浓度由空气和氧气的混合比来计算。

图 4-9 水蒸气发生器

图 4-10 气体定量混合器

4.2.3　气化煤气冷却净化收集系统

气化煤气冷却净化设备如图 4-11 所示，主要由冷却喷淋塔和二级过滤箱组成。冷却喷淋塔内部是双层蓄水箱体，在通入气化煤气后，驱动水箱内的水沿着管路进行循环冷却。在该塔顶部设有大量吸附小球，可以吸附煤炭燃烧后的焦油等非气体产物，达到初级过滤气体的目的。二级过滤箱内置大量干燥小球，可以吸附气体中附带的水蒸气，能有效地将初次净化后的气体进行二次过滤并干燥。气化煤气在经过多级净化之后能延长管路和气相色谱仪的使用寿命。

图 4-11　气化煤气冷却净化设备

4.2.4　气化煤气在线监测分析系统

气化煤气在线分析系统包括温度监测系统、声发射监测系统、气体监测分析系统三个子系统。温度监测数据能实时反映气化过程中气化区发生的主要气化反应以及可用于对气化区扩展进行辅助判定。声发射监测数据通过实时反映气化区声发射活动活跃程度来间接实现气化过程可视化，能够较为细致地呈现气化区演化发育趋势。通过使用气相色谱仪对净化干燥后的气化煤气进行分析，能够实时监测气化区发生的主要气化反应，并及时对试验过程出现的异常现象进行调整。上述三个子系统在试验过程中产生的信号数据由中央控制主机集成响应并记录。

1. 温度监测系统

本试验温度监测系统主要由 24 根高精度耐高温热电偶(图 4-12)、温度软控(图 4-13)以及信号转换器、温度信号集成终端(图 4-14)组成。

采用分层位监测法布置耐高温热电偶，布置方式如图 4-15 所示。将耐高温热电偶分三层布置，从人工煤层顶部插入预置钻孔，层与层间隔为 100 mm，并用混凝土与石膏混合浆体填充周边空隙。每层安置 8 个温度传感器(热电偶)，三层传感器分别命名为深部传感器、中部传感器和浅部传感器。深部传感器距离底板为 200 mm，中部传感器距离底板为 300 mm，浅部传感器距离底板为 400 mm，每两个传感器之间的水平距离为 250 mm。通过温度传感器，能实时监测腔体内温度的变化，并通过观察温度的变化间接了解煤炭燃烧的位置及程度。

2. 声发射监测系统

声发射监测系统包括声发射(AE)信号探头、信号放大器、信号集成终端、信号采集软控

图 4-12　耐高温热电偶

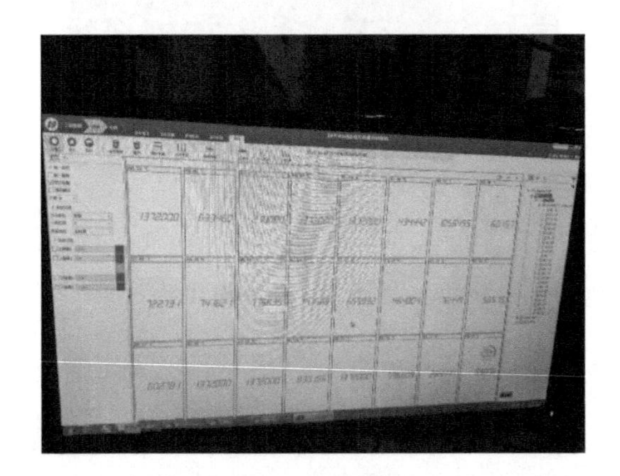

图 4-13　温度软控

图 4-14　温度信号集成终端

等。如图 4-16 所示，在试验准备阶段，将声发射信号探头粘附固定在预置的波导杆端头，探头接入信号放大器，放大器接入信号集成终端，再由信号采集软控对采集信号进行分析储存。

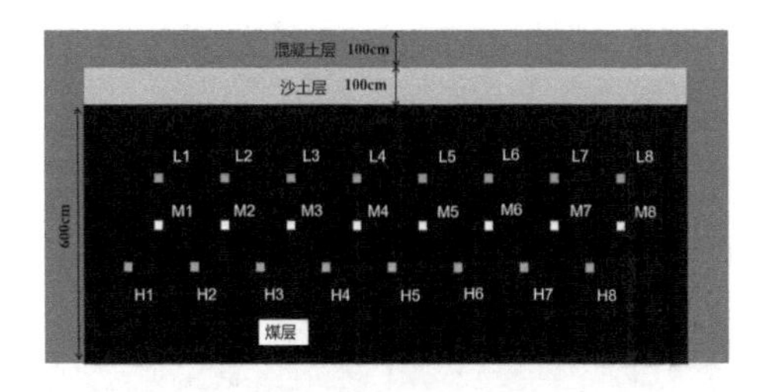

图 4-15　热电偶层位布置图

图 4-16　声发射探头布置方式

声发射监测系统是通过对气化试验过程中煤层内部发生的声发射活动进行震源标定及能量标记，来监测气化区煤层裂隙发育和燃烧区域周围裂纹扩展的。在试验准备阶段中，在气化炉外胆预留孔位(直径 22 mm)钻取直通气化煤层的波导孔，然后将波导杆插入波导孔内并伸出混凝土隔热层 10 mm 的距离，使用耐高温乳胶填充波导杆与杆孔之间的缝隙以保障气化炉体的气密性。待煤层铺设完毕后，将 AE 探头安装在气化炉外胆侧面的波导杆上并与信号放大器、信号集成终端连接。

在试验过程中，用于监测 AE 活动的传感器共 16 组(CH1～CH16)，均匀布置在气化炉体两侧，见表 4-4 。

表 4-4　AE 传感器组合

试验阶段	使用的 AE 传感器组合
03-21 18:30—03-25 10:00	AE4，AE5，AE6，AE7，AE8，AE12，AE13，AE14，AE15，AE16
03-25 10:00—03-26 23:30	AE1，AE2，AE3，AE4，AE5，AE9，AE10，AE11，AE12，AE13

本次试验使用声发射全波形采集仪对 AE 传感器的输出信号，包括与 AE 发生次数对应的事件数以及单一 AE 事件中包含的振幅上升次数进行采集。单个事件的 AE 计数越大，AE 活动就越剧烈。如图 4-17 和图 4-18 所示，声发射全波形采集仪具有自动分析功能，此仪器在试验开始时会自动记录传感器接收到的所有信号，包括有用的声发射信号及噪声信号，采集后可对全部的波形进行整体评估，判断噪声幅度，从而精确调整门限及波形触发位置，使声发射源定位更加精确。

3. 气体监测分析系统

气体监测分析系统由气体采集泵、气体干燥管、气相色谱仪(如图 4-19 所示)、数据采集终端等组成。气体采集泵将试验中产生的气化煤气鼓入气体干燥管进行干燥、三级过滤，而

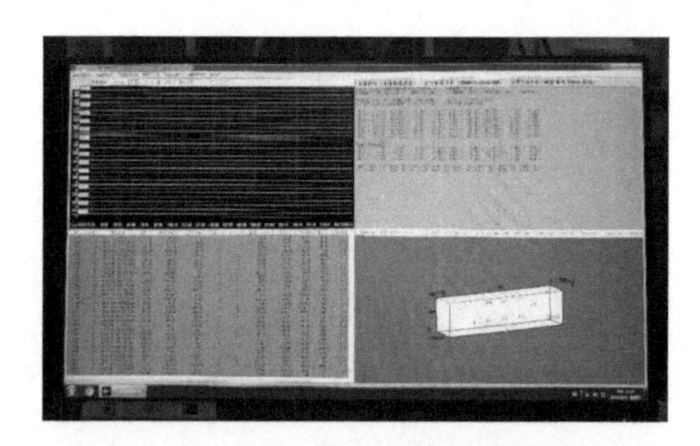

图 4-17　声发射软件界面

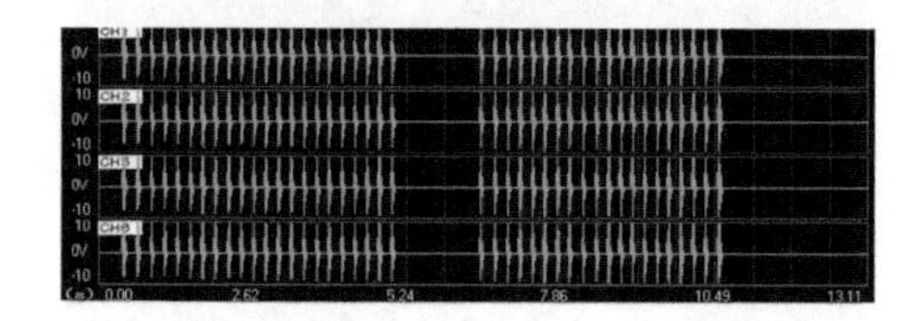

图 4-18　AE 信号分析演示

后通入气相色谱仪对其成分及浓度进行实时分析，分析数据由数据采集终端筛选储存。

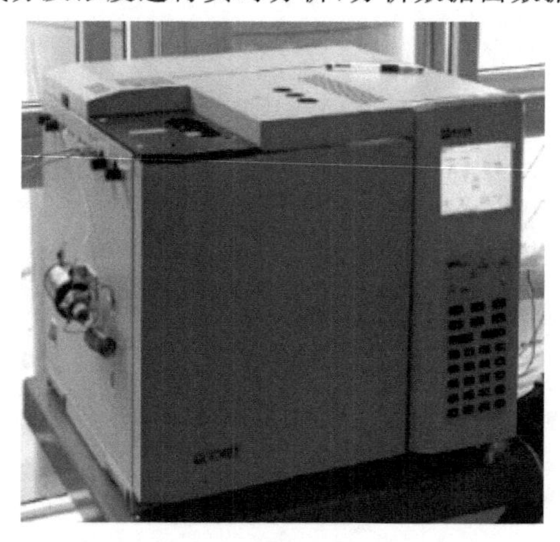

图 4-19　气相色谱仪

在试验过程中，每隔 30 min 对干燥和清洁的产品气体取样并泵入气相色谱仪，对煤气成分进行在线定量分析。另外，在操作参数调整的特殊时间点也进行煤气的取样和分析。分析对象包括气化煤气中的氧气（O_2），氮气（N_2），二氧化碳（CO_2），氢气（H_2），一氧化碳（CO），甲烷（CH_4）以及不饱和烃类气体乙烯（C_2H_4）、乙烷（C_2H_6）、乙炔（C_2H_2）。对各试验阶段气化煤气分析前都需要用标准气进行校正，确保气体分析结果更加精准。标准气物质以氧气、氮气、甲烷、一氧化碳等纯气为原料，根据重量配置而成。

4.3　UCG 试验流程

试验流程包括试验准备工作与试验开始之后的试验操作。试验准备工作主要包括：气化炉主体安装与内胆布设；输气管道安装；声发射波导杆安装；人工煤层铺设与点火装置安装;温度传感器安装;气化炉封顶;系统设备调试。

1. 气化炉主体安装与内胆布设

气化炉主体安装包括液压管道连接、外胆顶盖安装以及顶部加载装置安装。内胆布设包括内胆钢架安装以及胆壁密封和混凝土浇筑。

如图 4-20(a)所示,内胆由金属底座、耐热钢梁和耐热不锈钢板等组成。将内胆部件进行有序安装后,在内壁贴附预裁的石膏板,并用厚锡纸胶带进行角边密封。然后在内胆放置预制的木盒用来支撑混凝土并对其稳固定型。最后向内胆壁与木盒之间的间隙浇筑混凝土,浇筑工作不可停歇以防止混凝土凝固之后分层在加热之后出现裂隙破坏气化炉的气密性。在混凝土凝固并具有一定强度之后拆卸木盒。图 4-20(b)为内胆布设工作完成照片。在内胆布设工作完成之后进行气化炉主体安装。

(a)

(b)

图 4-20　内胆布设完成照片

2. 气化通道输气管道安装

在内胆布设工作完成之后,将内胆吊进外胆,要保证内胆与外胆四周间隙距离相等。在外胆两端头通道中心位置向内胆垂直钻取直径为 26 mm 的钻孔,将输气管道(DN25 钢管)插入内胆并在内胆壁伸出 150 mm。如图 4-21 和图 4-22 所示,由于进气端未在外胆中心位置,因此要在进气管道端头安装直角转换弯头使进气管出气位置与内胆底面中线在同一平面上。输气管道插入完毕后,在管道与混凝土壁之间空隙填耐热胶以防止气化过程中出现漏气现象。

3. 声发射传感器及波导杆安装

在外胆两长壁上预置有 20 处波导孔,本次试验只选择其中 16 处进行声发射传感器安装,每边各选择 8 处,且位置呈对称关系。从选择的波导孔内向内胆钻取直径为 12 mm 的钻孔,将直径为 10 mm 的金属波导杆插入钻孔中并伸出混凝土壁 10 mm,用耐高温密封胶填充波导杆与混凝土壁之间的空隙。而后在外胆钻孔处穿过波导杆安装紧固螺帽固定波导杆以防止其松动掉落。

波导杆安装完成后开始连接声发射传感器。在波导杆外置端头均匀薄涂凡士林以保证声发射探头与波导杆接触面的连续性。用绝缘胶带对探头进行固定以防止其滑落。之后与信号放大器连接,如图 4-23 所示。本试验所使用的声发射探头遵循“一探一器”的原则,每个探头配置一个信号放大器,信号放大器与信号集成终端连接,再通过标配数据线传输声发射数据至计算机软控进行采集分析并储存。

图 4-21　出气端输气管道安装照片

图 4-22　进气端输气管道安装照片

4. 人工煤层铺设、点火装置及气化通道安装

本试验所用煤样选自鄂尔多斯泊江海子煤矿。人工煤层铺设厚度为 600 mm，采用大型、中型、小型块煤以及粉煤进行铺设，在铺设过程中以 100 mm 为铺设厚度单位共计 6 次铺设，每次铺设将铺设平面夯实以确保人工煤层在气化过程中的稳定性。如图 4-24 和图 4-25 所示，在底部煤层铺设至 50 mm 后预埋点火装置。本次试验共预埋三组点火装置，贯穿整个气化煤层，在点火时只使用第一组点火装置，若气化开始后出现灭火现象，再开启其余两组进行二次点火。本次试验过程未出现灭火现象。气化通道为定制镂空钢管，内径为 120 mm，从内胆进气管道口位置开始安装。在安装过程中，确保气化通道附近的煤层铺设均匀，在铺设气化通道上部煤层时要防止粉煤堵塞气化通道。

图 4-23　声发射传感器连接

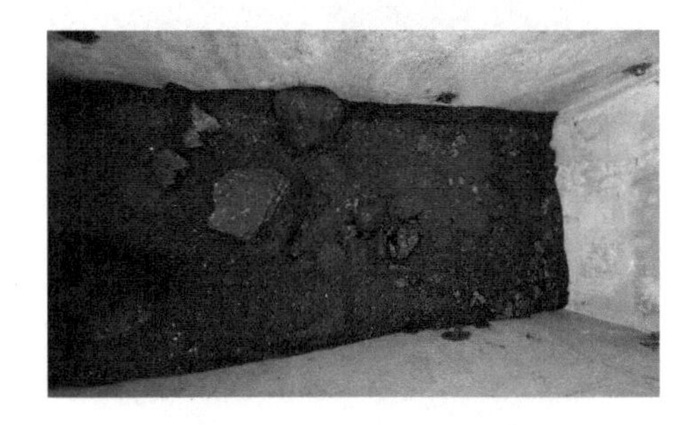

图 4-24　人工煤层铺设

图 4-25　点火装置预埋

5. 温度传感器预埋与隔热层铺设

在人工煤层铺设完成之后，在煤层顶面放置 12 mm 厚的石膏板。在石膏板中心位置放置直径 400 mm 的钢管作为辅助孔。按照试验设计的温度传感器布设位置从石膏板向煤层垂直钻孔。根据分层位监测法，钻孔深度分别为 200 mm、300 mm、400 mm，钻孔水平距离为 250 mm。试验共计钻取 24 处钻孔，分为 8 组，3 个钻孔为一组，相对位置呈等边三角形关系。在温度传感器放置孔钻取完成之后，插入温度传感器，之后用石膏浆填充传感器与钻孔周围空隙。为了避免试验过程中传感器出现故障而无法识别其位置，将传感器连接线按照组别进行标记后与信号集成终端连接。

在温度传感器安装工作完成之后，在石膏板上方铺设耐火土，以阻隔气化热量对顶板的损伤，防止顶部混凝土出现漏气现象。如图 4-26 和图 4-27 所示，耐火土铺设厚度为 100 mm，在耐火土夯实前预埋两根直径为 400 mm 的钢管作为温度传感器组的排线管，且要防止夯实工作对温度传感器造成损坏。如图 4-28 所示，耐火土铺设完成之后，在隔热层上表面贴附厚锡纸胶带作为防水层，防止下一步混凝土浇灌封顶对隔热层产生破坏。

图 4-26　隔热层铺设

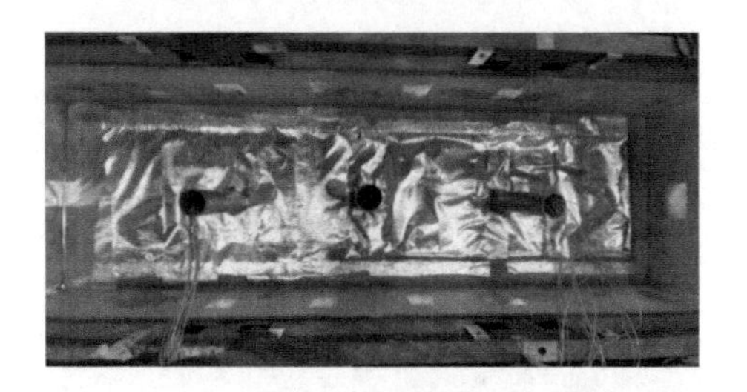

图 4-27　防水层铺设

6. 顶部混凝土浇灌

在隔热层与防水层铺设工作完成之后开始对气化炉内胆进行封顶。如图 4-28 所示，封顶选用与炉壁相同型号的混凝土，浇筑厚度为 100 mm。在浇筑过程中，在内胆四角放置角钢以防止混凝土浆从炉体溢出对内胆防锈涂层造成慢性腐蚀。此外，浇筑时应注意避免触碰辅助孔，防止其位置产生偏移。

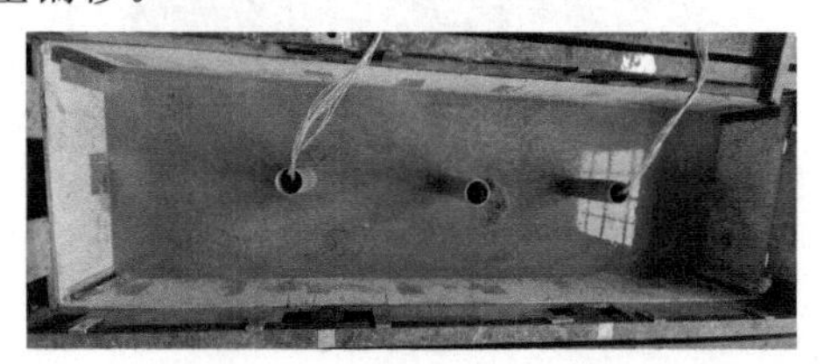

图 4-28　混凝土浇灌封顶

4.4　气化剂设计方案

对于煤炭地下气化试验，在通常条件下，使用不同操作参数（包括煤质、气化通道类型、气化剂种类等），所产生的煤炭地下气化的结果也会出现相应的差异。本次煤炭地下气化试验主要为考察在其他操作参数（压力、气化通道等）基本恒定不变的情况下，调节注入的气化剂中组分、配比、流量等操作参数，研究不同气化剂对于气化过程以及气化结果影响的规律。

当前国内外进行的各种地下气化试验工程中，气化剂的种类主要包括以下几种：

（1）气化剂主要成分为空气，空气与煤反应生产气化煤气，其成分以 CO 为主，而 H_2 的含量较少，所以生产的气化煤气整体的热值较低。

（2）气化剂主要成分为富氧或纯氧，通过富氧或纯氧与煤进行气化反应生成气化煤气，其中主要成分为 CO，H_2 的含量相对较高，所以生产出的气化煤气整体的热值为中等水平。

(3) 气化剂主要成分为水蒸气，采用两阶段法生产水煤气，生成的气化煤气成分以 H_2、CO 为主，并且其中含有少量 CH_4，所以该方法产生的气化煤气热值较高。

(4) 气化剂的主要成分为富氧和二氧化碳，生产富含 CO 的煤气。

通过改变上述多种气化剂配比以及组合种类，来调配生产不同组分的煤气(图 4-29)，并观察气化结果，总结产生差异的规律。

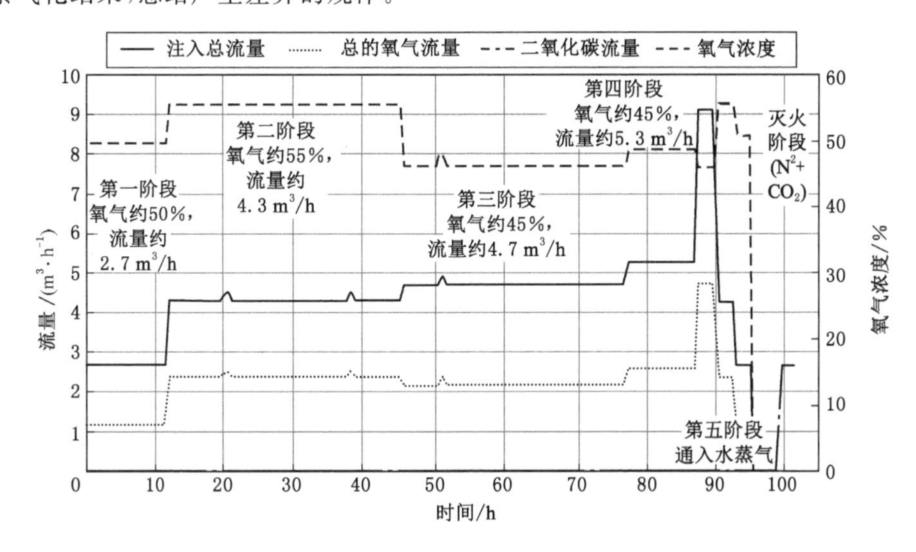

图 4-29　气化剂成分及流量表

本次试验主要目的为：研究不同气化剂下气化产生的气体成分的变化，进而确定试验条件下目标煤层地下气化的最优气化剂及成效评价的关键参数。

在本次试验中，主要采用纯氧-空气的富氧空气组合作为气化剂，在气化试验其余操作参数恒定不变的前提下，考察不同氧气、空气比例以及流量等参数对应的气化过程产生的生成气体各项结果变化的规律(包括煤的气化消耗量、气化效率、可燃气体量、气化产物热值等)。

根据目标煤层的地质条件以及预期的试验要求，将注入的气化剂设计为六个阶段：

(1) 第一阶段，也叫作点火阶段，在该阶段注入气化剂的总流量为 2.7 m^3/h，其中氧气的浓度约为 50%。该阶段的主要目的是辅助预先在煤层中布设的点火装置完成点火。此时气化剂中氧气浓度较高而流量较低的目的是避免流量过大导致点火失败。

(2) 第二阶段，此时注入气化剂的总流量为 4.3 m^3/h，其中氧气的浓度为 55%，总时长为 35 h。在该阶段在人工煤层内已经完成点火，目的是进一步增加气化反应的剧烈程度以帮助燃烧带进一步向出气口方向推移。

(3) 第三阶段，此时注入气化剂的总流量为 4.7 m^3/h，其中国氧气浓度约为 45%，总时长为 42 h。在该阶段主要为了考察在不同氧气、空气比例的气化剂作用下气化过程与气化产物的差异。

(4) 第四阶段，在该阶段注入气化剂的总流量为 5.3 m^3/h，其中氧气浓度为 45%，总时长为 10 h。该阶段采用了与上一阶段相同的氧气、空气比例的气化剂，主要为了考察不相同流量下气化剂作用下气化过程与气化产物的差异。

(5) 第五阶段，也叫水蒸气阶段，在该阶段将气化剂成分调整为水蒸气、空气混合，总时长为10 h。该阶段主要是为了考察注入水蒸气对气化过程以及气化产物的影响。

(6) 第六阶段为灭火阶段，在该阶段将气化剂组分调节为氮气-二氧化碳。该阶段主要为了试验氮气以及二氧化碳的灭火效果，以及灭火过程对气化过程的影响。

第5章　温度监测

5.1　分层位温度监测法

在煤炭地下气化过程中，煤层中的气化通道内发生燃烧、干馏、挥发等活动，会引起系统内的热应力场不断演变，气化过程的示意图如图5-1所示。

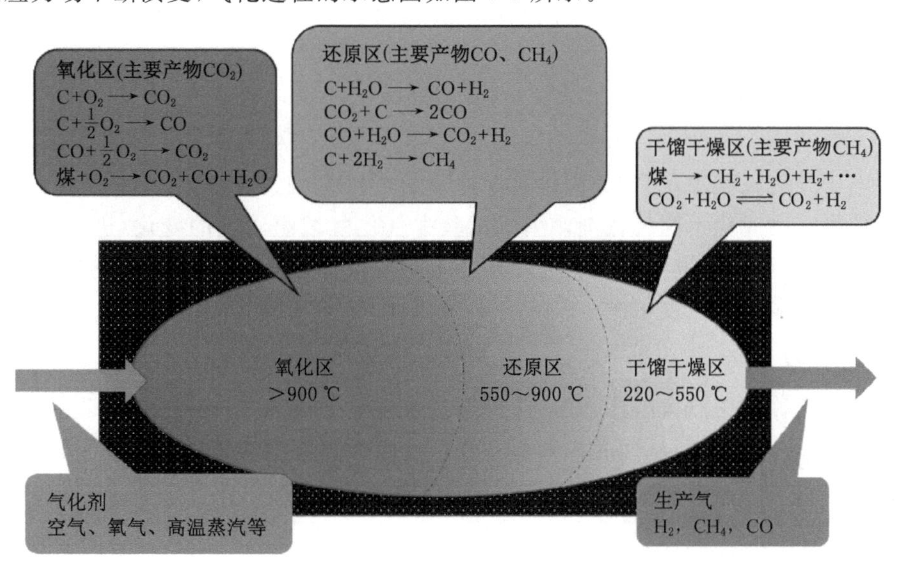

图5-1　气化反应过程示意图

对试验中的气化区域通常采用温度监测技术对气化过程进行温度监控，通过对温度数据进行分析，可以推断出在气化试验过程中热应力的分布与演变规律，对于研究气化区的推移以及燃空区的发育有着重要的作用，同时可为气化过程的精确控制提供基本参数。

本次试验创新地采用了分层位温度监测法，分层位检测法的具体操作就是根据铺设的人工煤层的高度，在不同埋深的层位安置温度传感器，示意图如图5-2所示。

在本次地下气化的试验系统内配备了24套热电偶对气化过程中人工煤层内的温度及气化燃烧区域的传播扩展进行监测。在试验系统中24个热电偶(L1～L8、M1～M8和H1～H8)采用分层位法布置在气化炉内，其中根据布设埋深的不同分为L、M、H三个系列，同系列的传感器所处的埋深相同。其中L系列为浅部传感器，距底板为400 mm；M系列为中部传感器，距底板为300 mm；H系列为深部传感器，距底板为200 mm。所有的传感器在分布是按照不同的系列进行组合，共分为八组，每组三个。均以垂直方向从气化炉顶部向下插入人工煤层中并在竖直方向等间隔排列(间距为250 mm)，靠近进气口端的传感器

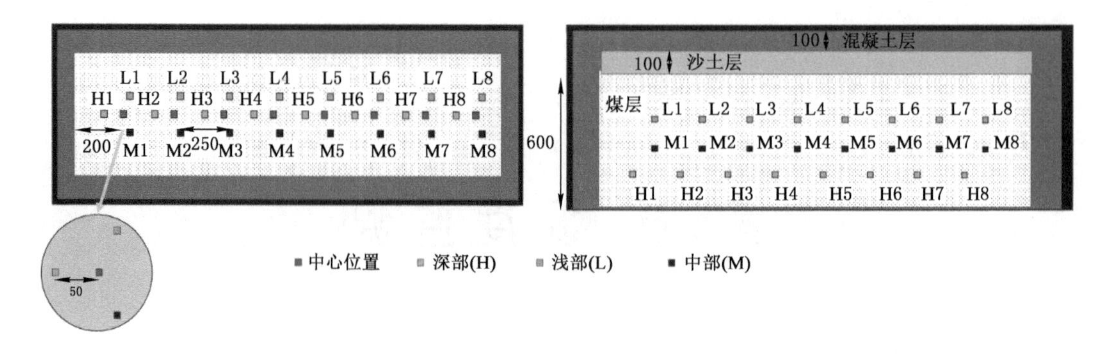

注:左图为俯视图,右图为主视图。

图 5-2 温度传感器示意图

距进气口的水平距离为 200 mm。将位于相同水平的同组传感器按照距离进气口方向的远近进行排序,其中将最靠近进气口方向的传感器命名为 1,之后按顺序顺延至 8。

5.2 UCG 试验中温度变化规律研究

本次地下气化试验中,通过分层位温度检测法可以得到人工煤层不同埋深层位中传感器的温度数据。为对比不同气化剂作用下试验中气化区域温度场的变化,进而对其规律进行研究,将试验得到的温度数据根据气化剂通入阶段进行分段处理,并结合传感器的坐标进一步得出不同阶段下的温度云图。

5.2.1 第一阶段

第一阶段又称之为点火阶段,在该阶段通过加热盘的加热,点燃放置在其上的易燃材料(木屑、酒精块、煤油棉等),从而完成对目标煤层的点火。温度曲线如图 5-3 所示。

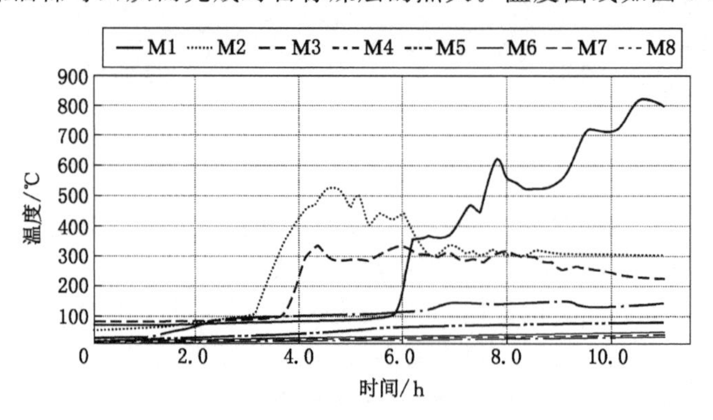

图 5-3 第一阶段温度曲线图

通过温度曲线可以看出,在点火开始后的 1～2 h 之间,中部传感器温度出现升高,说明点火成功,点火区域与气化通道内温度较高,同时此时温度最先出现升高现象的是 M2、M3 传感器,是因为点火装置的布设位置位于进气口右侧 600 mm 处,所以 M2、M3 温度首先升高。温度云图如图 5-4 所示,结合温度云图可以分析,此时点火已经成功,人工煤层内整体温度升高,其中高温区域位于点火装置附近(400～600 mm)。

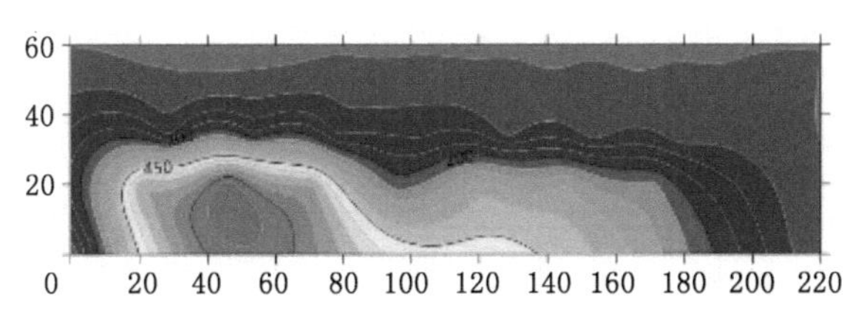

图 5-4 第一阶段温度云图(单位:cm)

5.2.2 第二阶段

在第二阶段,人工煤层内点火已经成功,气化炉内的整体温度出现明显上升,温度曲线如图 5-5 所示。结合折线图进行分析,在此阶段 M3、M4、M5 传感器出现明显上升,说明此时燃烧带向出气口方向发生推移,气化区域扩大。而此时 M1 传感器的温度也出现了明显上升,是因为此时的点火装置已经关闭,预先布置的助燃材料也已经耗尽,主要燃烧部分自然而然地向进气口方向靠近。温度云图如图 5-6 所示,结合温度云图分析可知,此时气化炉内的整体温度相较上一阶段出现明显上升,并且其中的高温区域向进气口发生推移。

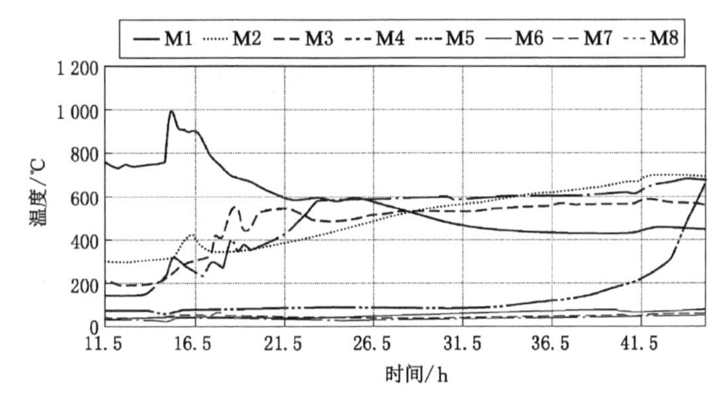

图 5-5 第二阶段温度曲线图

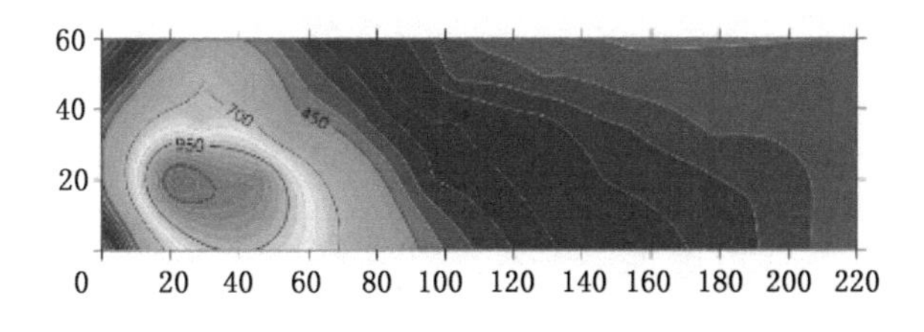

图 5-6 第二阶段温度云图(单位:cm)

5.2.3 第三阶段

在第三阶段,随着气化的进一步进行,气化区域逐渐扩大,温度曲线如图 5-7 所示。结合温度曲线图分析,此时的温度变化整体来说较为平缓,其中 M1 传感器的温度出现了明显的降低,而 M3、M4、M5、M6 的温度都在一定程度出现了增长,其中 M6 传感器的温度增长最为明显,分析可知此时燃烧带已经向右推移至 M6 传感器附近,并且进气口附近的温度已经出现了下降的情况。温度云图如图 5-8 所示,结合温度云图可以更加直接地观察到,此时气化炉的整体温度仍然呈上升状态，但气化区域的温度场出现了明显的向右和向上衍化现象。

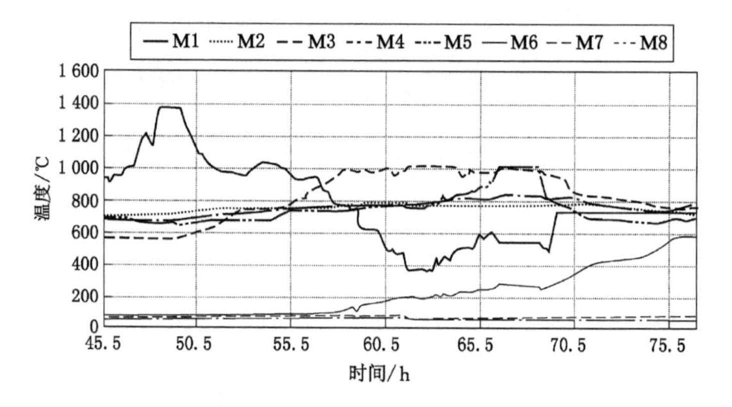

图 5-7 第三阶段温度曲线图

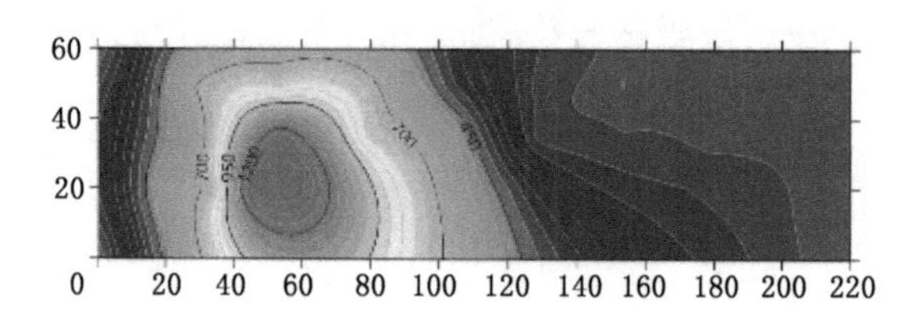

图 5-8 第三阶段温度云图(单位:cm)

5.2.4 第四阶段

第四阶段温度曲线如图 5-9 所示，由该阶段的温度曲线图可知，此阶段的大部分时间温度曲线的变化都较为平缓。对比与上一阶段通入的两次气化剂之间的差异可知，第四阶段增加了气化剂通入的总流量，而此时气化剂组分并没有发生改变，由此可知，此时的整体气化反应已经趋于平稳。但在该阶段的最后阶段 M1 传感器出现温度下降现象，同时 M7 传感器出现温度上升，说明此时气化区域已经逐步发育至气化炉右部，同时最初燃烧的左侧区域，气化反应逐渐减弱。温度云图如图 5-10 所示，结合温度云图分析可知，在当前阶段，气化炉内的整体温度上升较为明显，并且气化区域呈现向右扩散的趋势。

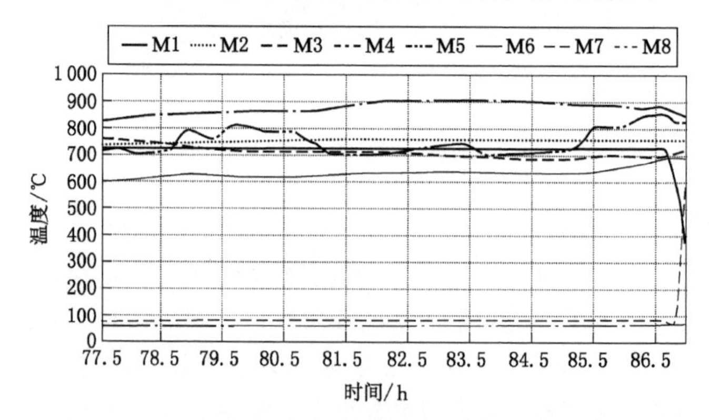

图 5-9 第四阶段温度曲线图

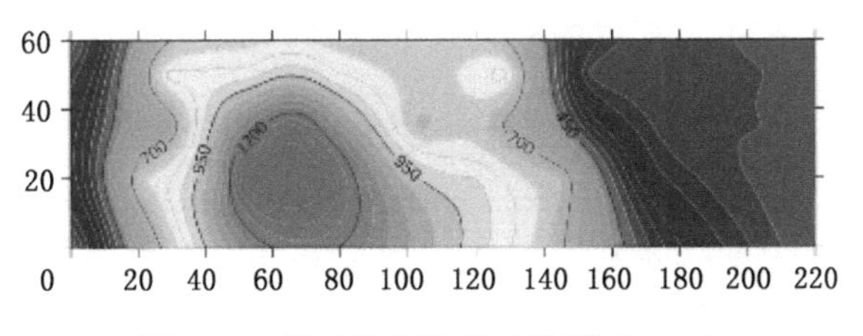

图 5-10 第四阶段温度云图(单位:cm)

5.2.5 第五阶段

在试验的第五阶段将气化剂组分由氧气-空气变为水蒸气-氧气,温度曲线如图 5-11 所示。根据温度曲线图分析,在该阶段的初期 M1 传感器出现明显的温度上升现象,并且整体的温度呈现上升趋势,分析可知,水蒸气的通入在此阶段的初期对于气化反应的促进作用十分明显,位于进气口附近的气化区域温度出现明显回升。温度云图如图 5-12 所示,结合温度云图进一步分析可知,此时的气化区域出现进一步拓展的趋势,气化区域的温度场较上一阶段出现明显扩张,其中高温区域向右侧衍化的现象更为明显。

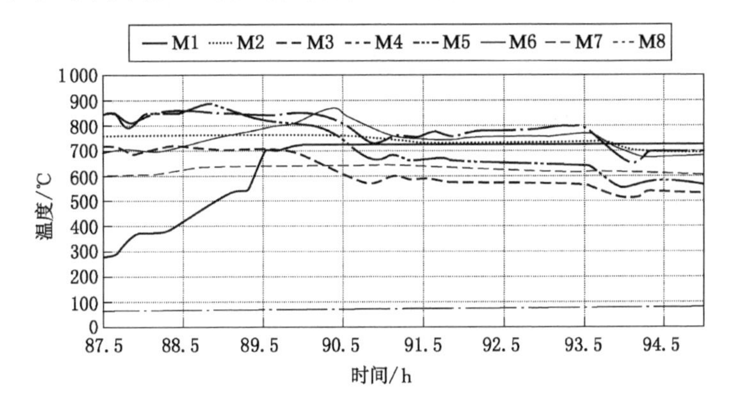

图 5-11 第五阶段温度曲线图

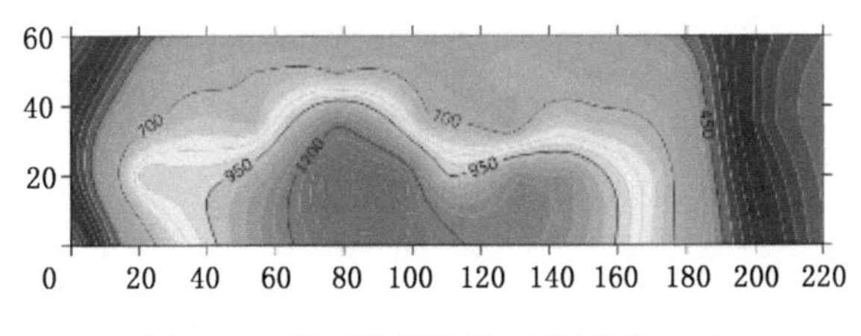

图 5-12 第五阶段温度云图(单位:cm)

5.2.6 灭火阶段

在试验的灭火阶段通入组分为氮气-二氧化碳的气化剂对气化过程进行灭火,温度曲线如图 5-13 所示。根据曲线图可知,气化炉内的整体温度出现明显的下降,说明随着惰性气体的通入,气化炉内的气化反应逐渐减弱,整体的温度也随之降低。而 M1 的温度降幅较为微弱,说明在进气口附近的煤层中,仍然还存在较为微弱的燃烧现象。温度云图如图 5-14 所示,结合温度云图进一步分析可知,气化炉整体温度下降至 300 ℃左右,仅有部分区域的温度仍在 450 ℃以上，说明惰性气体的灭火效果较为明显。

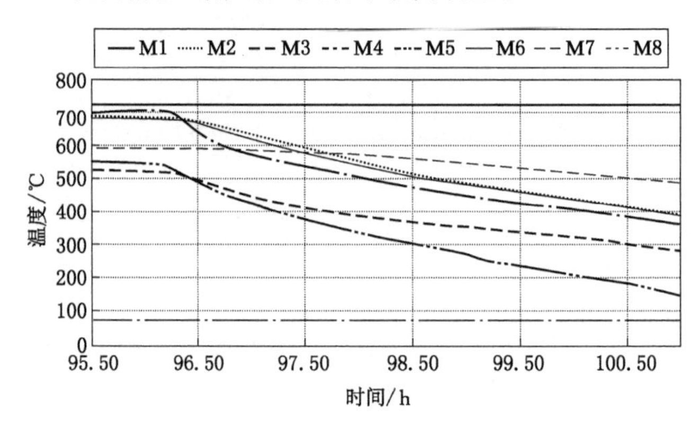

图 5-13　灭火阶段温度曲线图

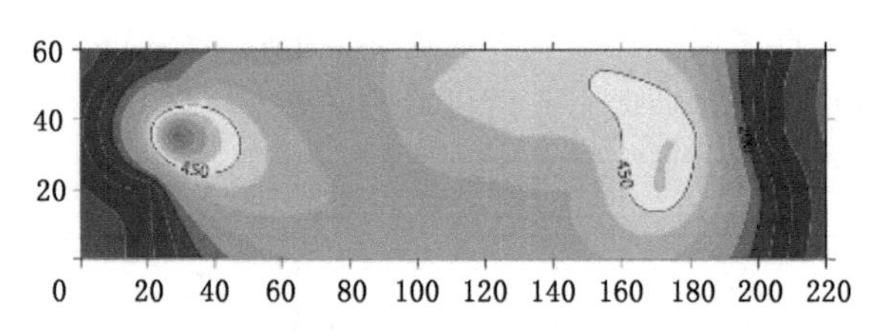

图 5-14　灭火阶段温度云图(单位：cm)

5.3　UCG 试验中高温区域移动规律研究

为进一步探究温度变化的规律以及对气化过程进行更准确的判断，本书提出温度云重心的概念，即根据温度传感器的坐标以及当前阶段的温度，利用权重法计算得出温度云重心，具体计算公式如下：

$$\begin{cases} \overline{X} = \dfrac{\sum X_i \cdot M_i}{\sum M_i} \\ \overline{Y} = \dfrac{\sum Y_i \cdot M_i}{\sum M_i} \end{cases} \tag{5-1}$$

式中　X_i、Y_i ——各个传感器的坐标值；

M_i ——各个传感器的温度值；

$\overline{X}$、$\overline{Y}$ ——计算得到的云重心坐标值。

由于温度云重心是由不同阶段的温度数据计算得出的，根据该特性可以对气化炉内的温度场的变化进行进一步分析与评估。首先，根据温度云重心可以较为直观地判断当前气化反应中燃烧较为剧烈的区域，可以更好地分析当前气化过程所处的阶段；其次，利用温度云重心可以更直观地对比不同阶段气化区域的扩展程度。由本次试验温度数据处理得到的温度云重心图如图 5-15 所示。

根据得到的不同阶段的温度云重心坐标分析可知，在第一阶段的温度云重心在 X 轴方

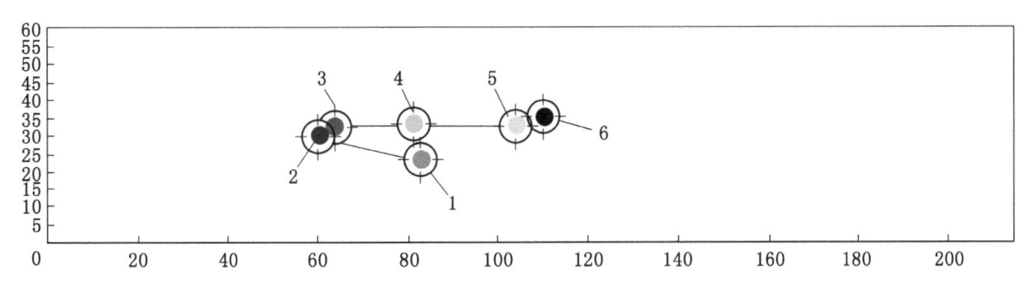

注：1—第一阶段；2—第二阶段；3—第三阶段；4—第四阶段；5—第五阶段；6—灭火阶段。

图 5-15 温度云重心图(单位：cm)

向 80 cm 处，因为此处为点火装置的加热盘的放置位置，所以此处的温度较高并且比较集中；之后结束点火阶段进入第二阶段，第二阶段的温度云重心相较上一阶段出现明显左移现象，是因为 X 轴方向 50～60 cm 为进气口布置位置，点火成功之后，主要的高温区域集中在进气口附近；在之后的阶段可以看出，随时间的推移，温度云重心的位置由进气口方位向出气口不断推移。

对比温度云重心与温度曲线及温度云图可知，温度云重心表示的温度场发育与演化的整体趋势与温度曲线及云图的分析结果相似，所以使用温度云重心的概念也可以对地下气化过程中温度场的发育和演化进行有效的规律性研究。

第6章　声发射监测

6.1　声发射原理

声发射事件就是弹性能释放到材料中，之后以弹性波传播的现象。在地下气化过程中，气化过程会引起热应力的变化进而出现声发射活动。因此研究声发射反应对于评估气化过程、燃空区扩展以及特殊事件（如气化腔体中煤层的崩塌和气化通道的堵塞）有十分重要的作用。

声发射技术原理如图6-1所示，当AE传感器在一定时间内接受超过一定强度（即阈值）的信号时，即记录一次声发射事件。第一个计数的上升过程至最后一个计数的下降过程之间的时间段称为声发射事件的持续时间。此外，两次声发射事件之间的间隔时间段称为停滞时间。声发射事件的数量显示了裂纹信号的数量，也反映了此类事件的密集程度以及裂纹的程度。

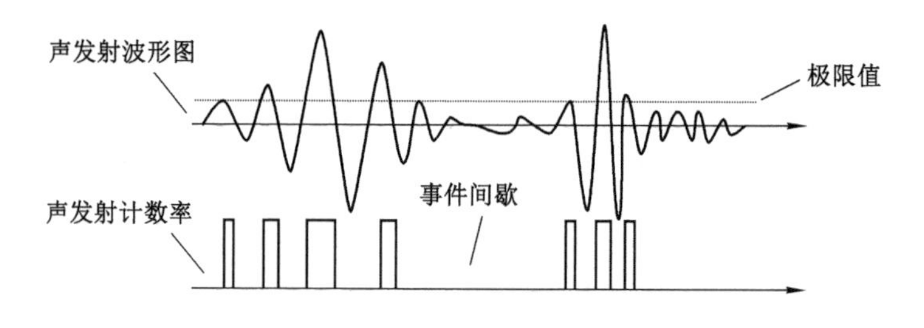

图6-1　声发射技术原理

声发射技术同样可以用于标定震源位置，基于传感器坐标以及传感器接收信号的时间和速度可以计算声发射源的真实坐标和声发射事件的起始时间。图6-2显示了典型的传感器阵列和AE信号。如图6-2所示，通常采用传播时间差方法进行源位置分析式：

$$\sqrt{(X_i - X_S)^2 + (Y_i - Y_S)^2 + (Z_i - Z_S)^2} = v_i(t_i - T_S) \tag{6-1}$$

其中，$(X_i, Y_i, Z_i)(i = 1, 2, 3, \cdots, n)$是传感器的空间坐标，$(X_S, Y_S, Z_S)$是震源的真实坐标，$t_i$和$v_i$是AE到达时间和速度，而$T_S$是事件发生的原始时间。由公式6-1可知，当存在3个以上的传感器时，就可以采用最小二乘法对震源进行三维定位。

本书为了研究UCG过程中发生的煤岩破坏以及压裂活动，在系统中安装了16个AE传感器用以对声发射源进行三维定位。在分析时，为了减少无效的噪声信号，选择使用气化区域部位附近的4～5个声发射传感器的波形的数据定位声发射震源。

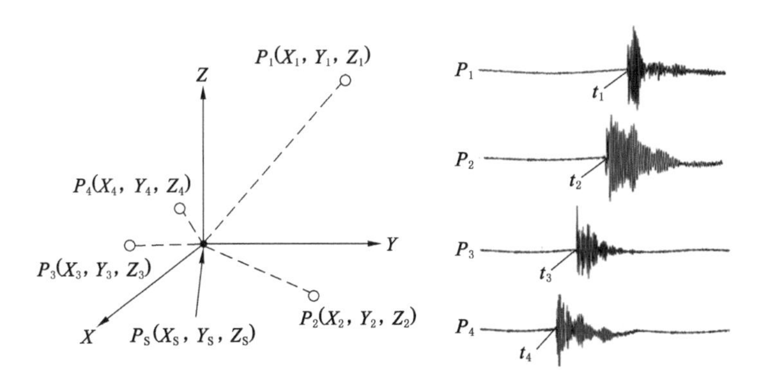

图 6-2　声发射标定震源原理

6.2　UCG 试验中声发射与温度对比分析

根据声发射的原理可知，在人工煤层内发生煤岩破坏以及压裂活动等现象时，声发射活动趋于活跃。在地下气化过程中，人工煤层的燃烧必然伴随煤岩体的破坏现象发生。因此，对温度与声发射活动之间的规律进行研究可以进一步了解地下气化过程中气化区域的发育演化规律。

温度变化的绝对值与 AE 计数率随时间演进的趋势如图 6-3 所示。由图 6-3 可知，在温度变化较为剧烈的时刻，即温度变化绝对值较高时，AE 计数率也呈现增高的趋势，说明此时声发射活动的剧烈程度出现了增加。分析可知，气化炉内温度的变化会对声发射活动造成相应的影响。在出现温度明显变化的现象，如剧烈升温和明显降温时，声发射活动的剧烈程度也随之上升。

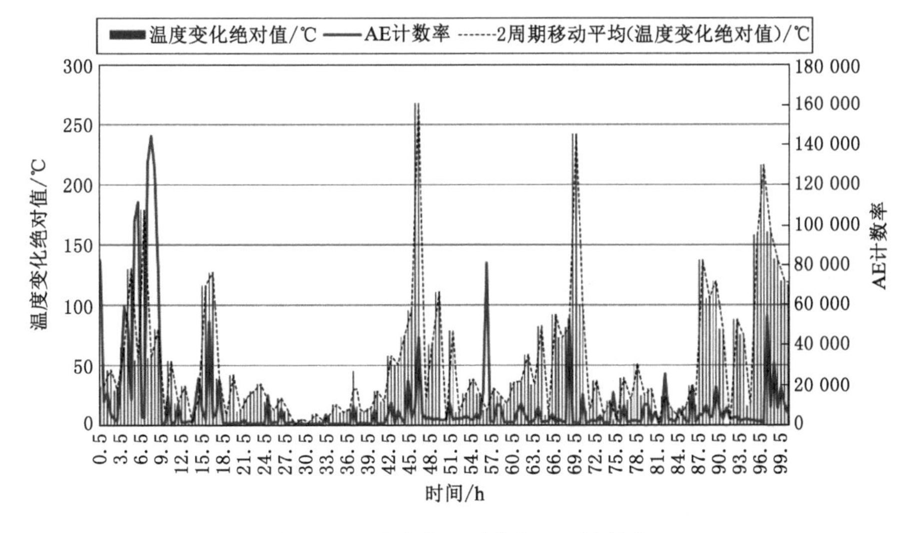

图 6-3　温度变化绝对值与 AE 计数率

根据试验设计的阶段对数据进行进一步分析，在点火阶段（0～11 h），对目标煤层进行点火，气化炉整体温度随之升高，温度变化的绝对值维持在较高水平，此时的声发射活动也较为活跃。

试验的第二阶段(11～45 h),点火成功并调整气化剂进行进一步气化。在 13～18 h 时,由于气化剂发生改变,气化炉内的温度发生明显的变化,声发射活动也趋于活跃,之后气化剂稳定输入,气化炉内的气化进程整体趋于稳定,温度变化趋于平缓,声发射活动也出现较为明显的减弱。

在试验的第三阶段(45～77 h),在阶段初期(45～51 h)气化炉内的气化过程随着气化剂的变化发生改变,因此人工煤层内的整体温度也出现了对应的明显变化,温度变化的绝对值升高,声发射活动也随之更加活跃。之后气化过程整体趋于平稳发育状态,所以温度变化的绝对值也随之降低,声发射活动也逐渐缓和。

在试验第四阶段(77～87 h),由于气化剂中氧气浓度未改变,仅将总流量由 4.5 m^3/h 增加至 5 m^3/h,总流量变化幅度较小,所以人工煤层内发生的气化反应并未出现明显变化,温度整体变化趋势较为平缓,声发射活动也较弱。

在试验第五阶段,也就是通入水蒸气的阶段(87～98 h),向气化炉内通入水蒸气,导致气化炉内的温度出现明显的降低,但此时气化炉内的温度降低的幅度较小,并且发生的气化过程位于后期阶段,人工煤层的已经进行了较为充分的燃烧,所以声发射活动并未出现同前阶段相似的剧烈。

在 98 h 后,向气化炉内通入氮气和二氧化碳灭火,气化炉内温度大幅度降低,声发射活性升高。

分析数据可知,温度变化与声发射活动呈现相同的变化趋势,即在温度发生剧烈变化时,声发射活动较为剧烈;在温度无明显变化时,声发射活动趋于平缓。所以声发射监测手段作为温度监测手段的重要对照和补充,具有较强的实际意义。

6.3 UCG 试验中声发射活动规律研究

由试验得到的声发射信号运用声发射定位原理进行声源定位处理,并进一步过滤筛选掉多余的噪声,得到的声发射活动震源点如图 6-4 至图 6-9 所示。

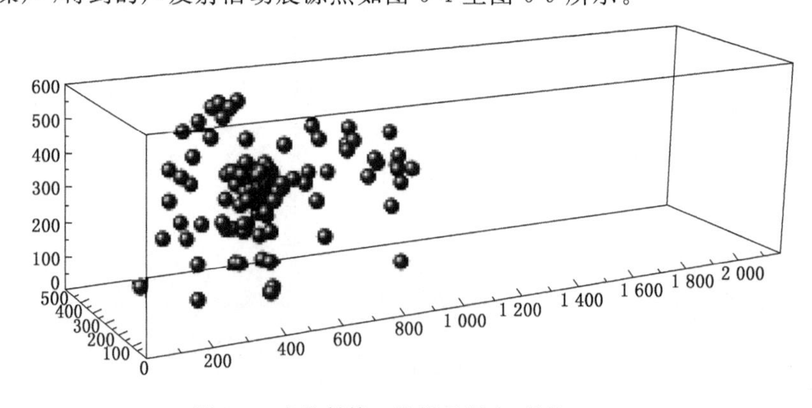

图 6-4 声发射第一阶段震源点(单位:mm)

6.3.1 第一阶段(点火阶段)

第一阶段又称之为点火阶段,在该阶段通过加热盘的加热,点燃放置在其上的易燃材料

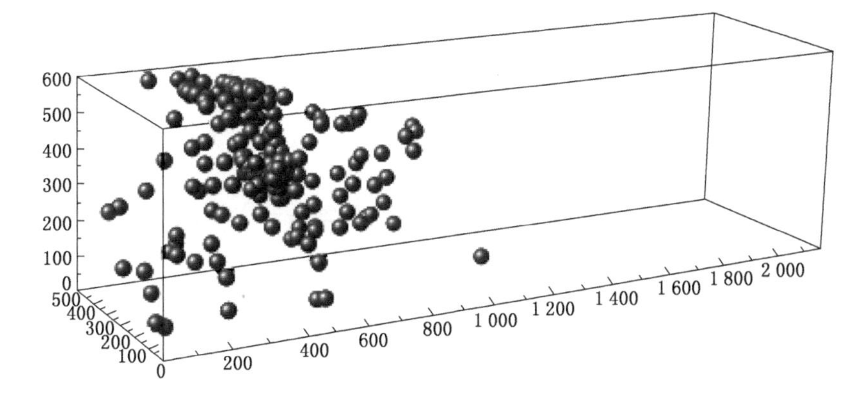

图 6-5　声发射第二阶段震源点(单位:mm)

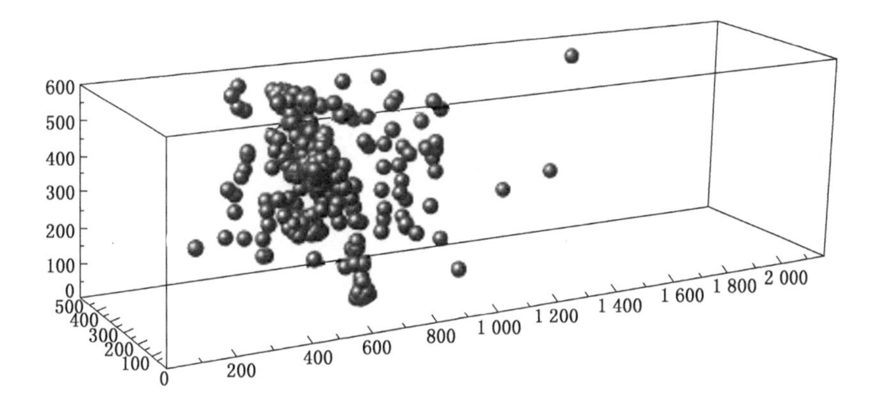

图 6-6　声发射第三阶段震源点(单位:mm)

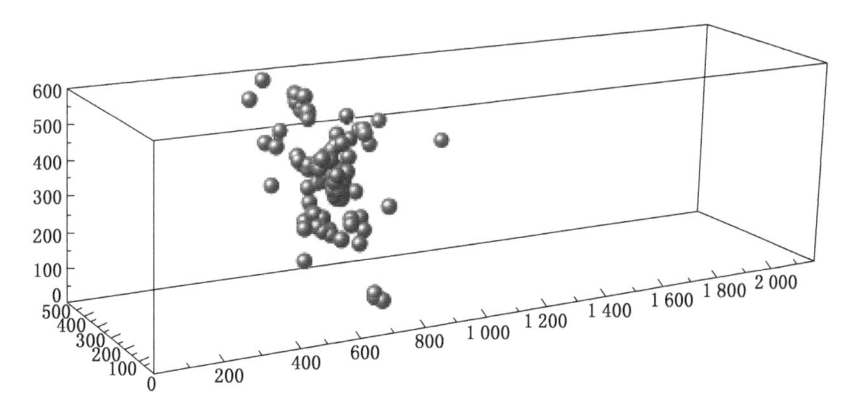

图 6-7　声发射第四阶段震源点(单位:mm)

(木屑、酒精块、煤油棉等),从而完成对目标煤层的点火。

通过声发射震源图可以看出,此时点火已经成功,人工煤层内声发射活动较为活跃,并且此时的声发射活动主要集中位于点火装置附近(400～600 mm)。

6.3.2　第二阶段

在第二阶段,人工煤层内点火已经成功,人工煤层内的燃烧现象更加剧烈,因此气化炉

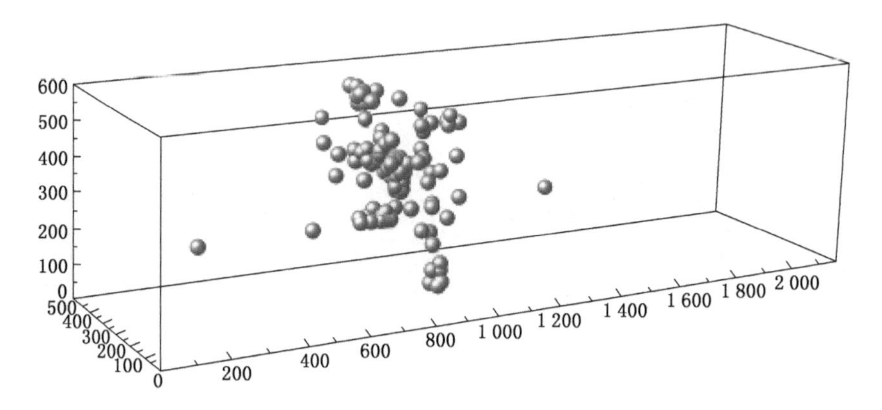

图 6-8　声发射第五阶段震源点(单位:mm)

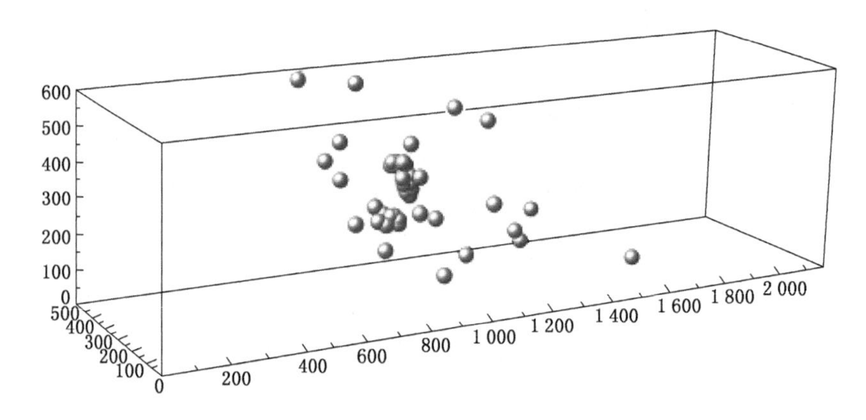

图 6-9　声发射第六阶段震源点(单位:mm)

内的声发射的活动剧烈程度相较第一阶段出现明显上升。结合震源点云图进行分析,声发射活动的活跃区域向出气口方向发生推移,同时声发射活动也出现了明显的上移现象,表明在该阶段气化区域扩大较为明显。

6.3.3　第三阶段

在第三阶段,随着气化过程的进一步进行,燃烧带不断向出气口方向推移,气化区域逐渐扩大。结合震源点云图分析,此时的声发射活动的剧烈程度较上一阶段并未发生明显变化,说明此时气化反应进行较为平稳。分析可知,此时燃烧带已经向右推移至气化炉中后部附近(120～150 cm),并且进气口附近的声发射活动已经出现了缓和的情况,整体声发射活动的震源点出现了明显的向出气口和向人工煤层顶部运移的现象。

6.3.4　第四阶段

在第四阶段,结合该阶段的震源点云图可知,在该阶段声发射活动的剧烈程度出现了较为明显的降低。对比气化剂的差异可知,第四阶段增加了气化剂通入的总流量但并未改变此时气化剂中各组分的配比。并且此时的整体气化反应已经趋于平稳,说明此时气化区域已经逐步发育至气化炉右部,同时最初燃烧的左侧区域,气化反应逐渐减弱。在当前阶段,气化炉内的声发射活动的剧烈程度下降,但整体仍然呈现向出气口发育的趋势。

6.3.5 第五阶段

在试验的第五阶段将气化剂组分由氧气-空气变为水蒸气-氧气，由于水蒸气的通入，气化反应较上一阶段更加剧烈，气化炉内的声发射活动出现明显的剧烈现象。分析可知，水蒸气的通入在阶段的初期对于气化反应地促进作用十分明显，因此位于进气口附近的气化区域声发射活动增强。进一步分析可知，此时的气化区域出现进一步向出气口拓展的趋势。

6.3.6 灭火阶段

在试验的灭火阶段通入氮气-二氧化碳的气化剂对气化过程进行灭火，根据震源点云图可知，气化炉内的整体声发射活动的剧烈程度出现明显的下降，说明随着惰性气体的通入，气化炉内的气化反应逐渐减弱，整体气化反应的剧烈程度也随之降低。这进一步表明惰性气体的灭火效果较为明显。

第7章 气化产物监测

7.1 试验阶段分析

利用自行开发研制的煤炭地下气化模型试验系统进行煤炭地下气化模拟试验。试验用人工煤层高60 cm、长217 cm、宽50 cm。采用水平气化通道进行气化。本次试验主要目的为:研究不同气化剂注入条件下气化产生的气体成分,进而确定目标煤层地下气化的最优气化剂及气化成效评价的关键参数。

根据试验中人工煤层的煤样工业分析、元素分析结果以及预期试验结果,将整个煤炭地下气化模拟试验设计为六个阶段:点火阶段、第二阶段、第三阶段、第四阶段、富氧-水蒸气阶段、灭火阶段。在试验中要依照各试验阶段注入气化剂的设计配比及流量大小,对试验各环节严格把控,从而获取真实可靠的试验结果。试验整体气化剂注入参数如图7-1所示。

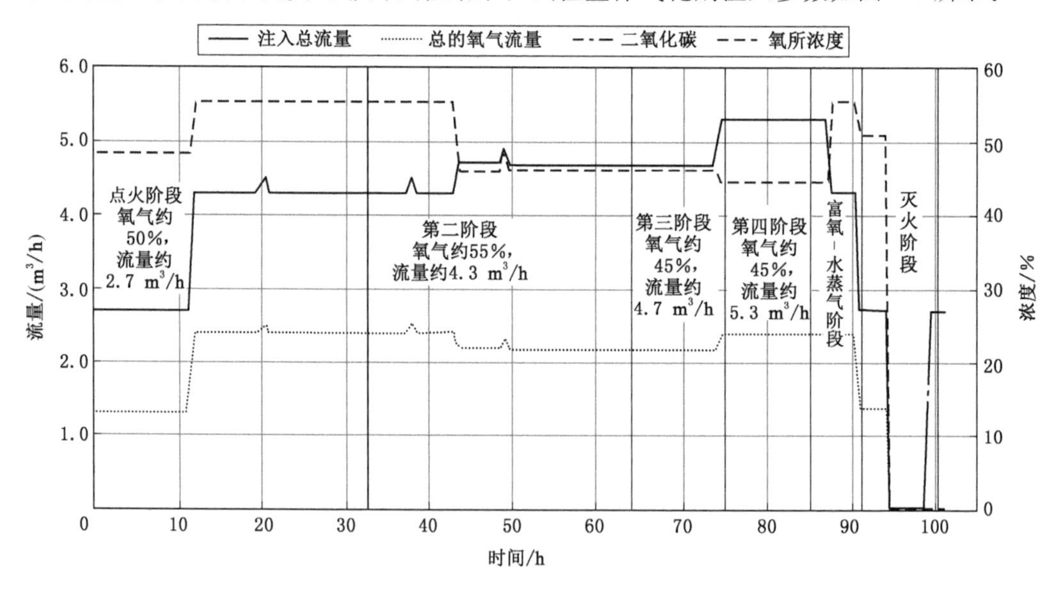

图7-1 试验整体气化剂注入参数分布图

根据不同试验操作时间和气化剂注入参数,分阶段对试验结果进行对比分析,考察各项结果随时间变化的规律。分析内容包括生成气各成分含量变化(图7-2)、生成气热值变化(图7-3)、气化产物生成速率变化(图7-4)、耗煤速率(图7-5)、单位质量煤产气量变化(图7-6)及气化效率变化(图7-7)。

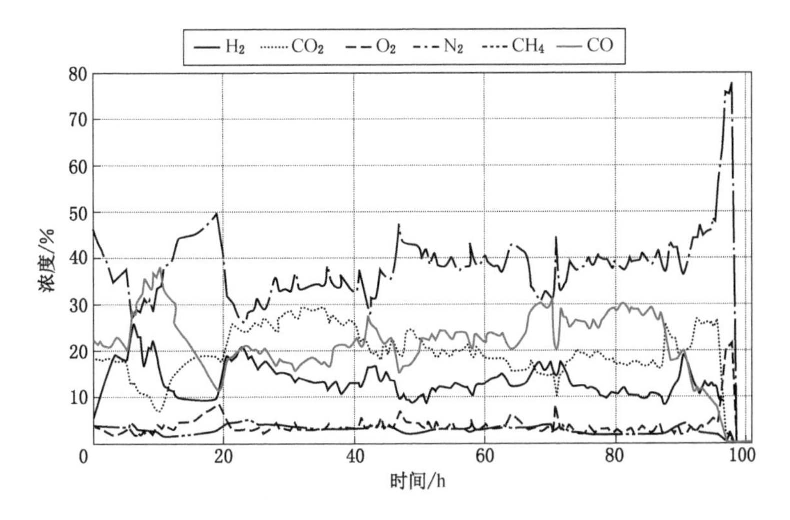

图 7-2　生成气气体各成分含量整体变化曲线

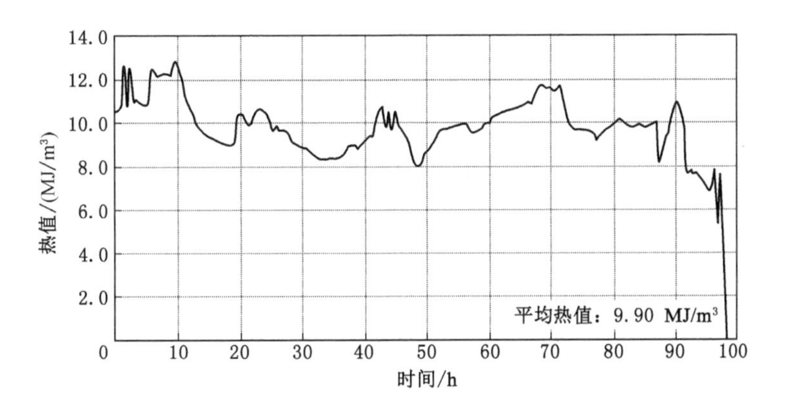

图 7-3　生成气热值整体变化曲线

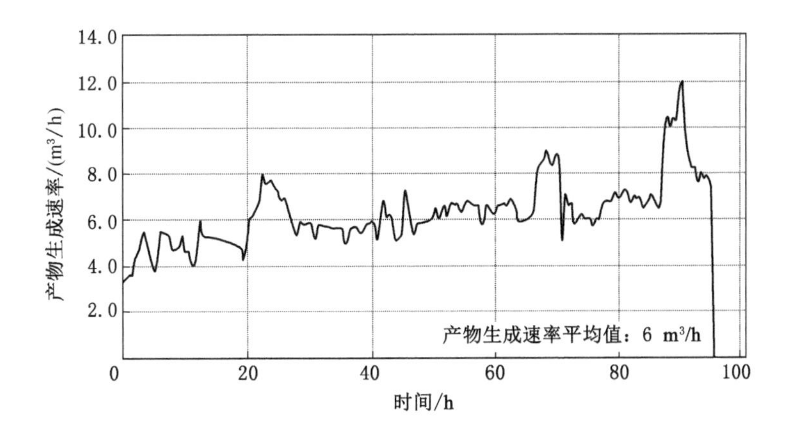

图 7-4　气化产物生成速率整体变化曲线

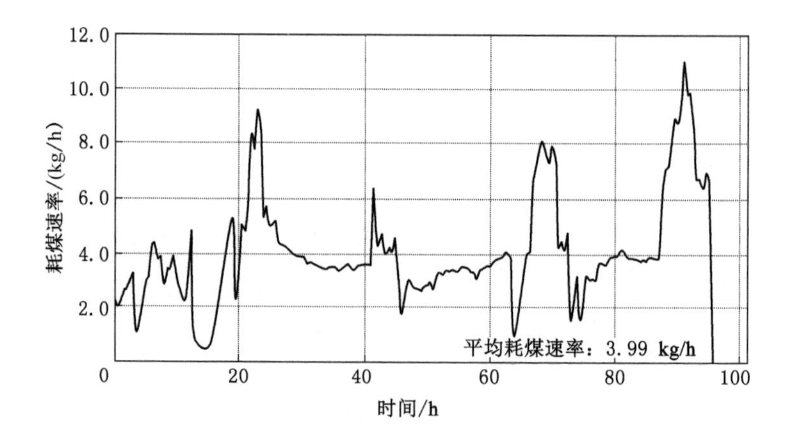

图 7-5　耗煤速率整体变化曲线

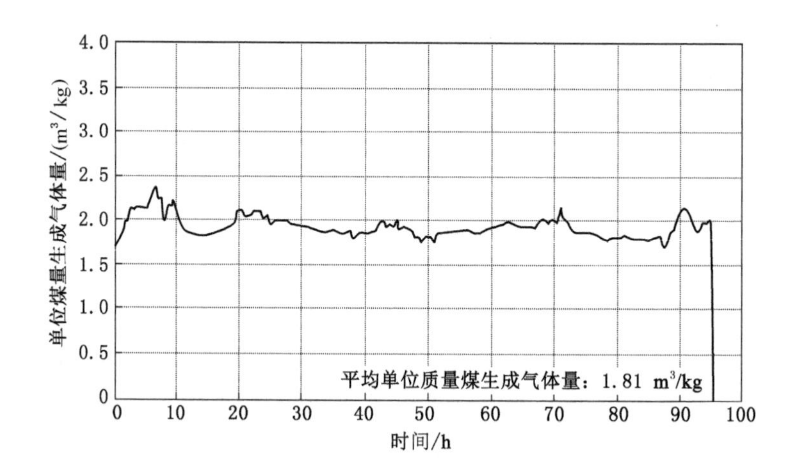

图 7-6　单位质量煤产气量整体变化曲线

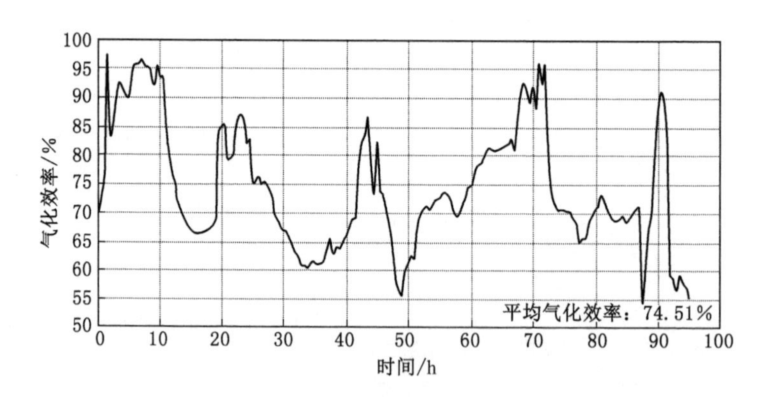

图 7-7　气化效率整体变化曲线

7.2　不同阶段气化产物变化

7.2.1　点火阶段

点火阶段生成气各组分含量如图7-8所示，有效气体成分包括H_2、CO、CH_4、CO_2。气化点火阶段为试验开始后0～11 h，气化剂为富氧空气，其中氧气浓度约为50%，注入流量约为2.7 m^3/h。在试验开始约2 h后点火成功(图7-9)，生成气可燃气体成分增加。H_2含量上升至17%左右，CO含量稳定在22%左右，CH_4含量变化平稳，保持在8%左右。这是由于气化煤层及气化通道内含有的一部分游离水参与了气化反应中的还原反应，而试验初期通入的气化剂氧气浓度较高，为气化区提供了较高的温度场，提高了原有的还原反应程度，消耗了一部分CO，增加了H_2的产生。在后续约3.5 h的时间里，气化反应趋于稳定，生成气成分未发生明显变化。

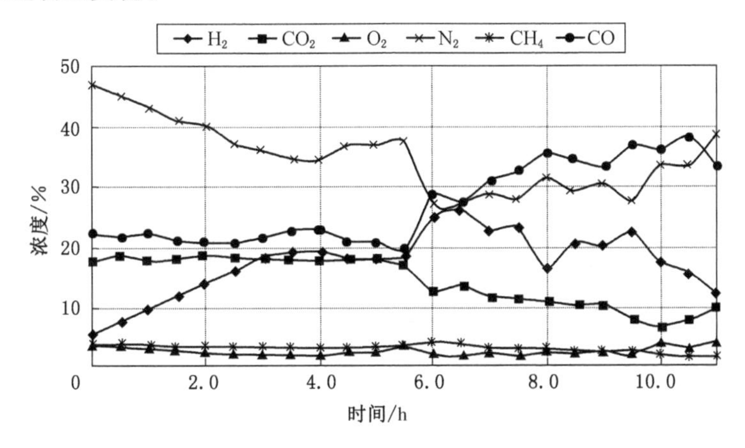

图7-8　点火阶段生成气各组分含量示意图

在试验开始约5.5 h后，生成气中H_2、CO、CH_4、CO_2开始发生明显变化。其中H_2含量在约1 h的时间内上升至26.13%，CO上升至29.41%，CH_4下降至4.07%。在6.5～11 h期间，H_2含量从26.13%开始持续下降至12.31%，CO从29.41%持续上升至38.67%，CH_4含量从4.07%下降至2.74%。这是由于气化区域及其附近区域煤层内的游离水基本被消耗完全，还原反应强度减弱，气化区开始向前部扩展。

生成气热值是衡量生成气品质优劣的一项指标，也间接反映了气化效果。点火阶段的生成气热值变化如图7-10所示。

试验点火阶段平均热值为11.7 MJ/m^3，在试验开始0～3 h间，生成气热值出现波动。在3～5.5 h间，生成气热值稳定在10.91 MJ/m^3左右。在随后4 h的气化过程中，生成气热值迅速攀升至12.49 MJ/m^3后趋于稳定。在试验开始约9.5 h，生成气热值开始下降。在11 h左右热值下降至11.47 MJ/m^3。在点火阶段前期，由于气化煤层松散程度的不均匀，因而造成生成气热值出现波动，在游离水消耗完毕之后，生成气热值随着CO含量上升而上升并趋于稳定。

煤炭地下气化产物生成速率反映了气化过程的活跃程度。本试验点火阶段的气化产物

图 7-9　生成气点火图

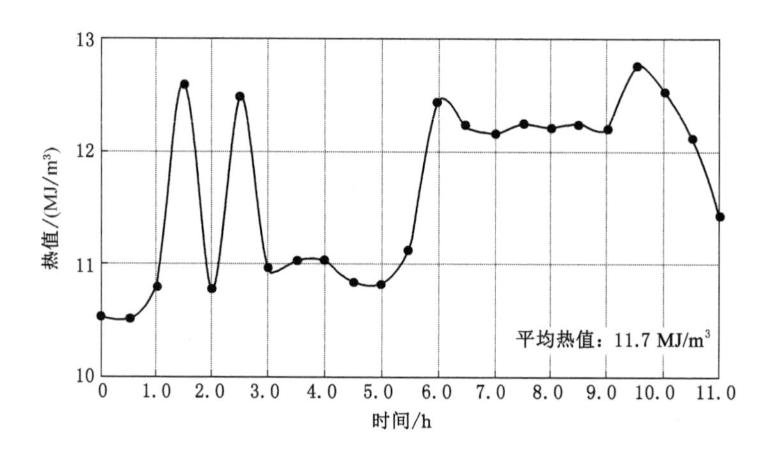

图 7-10　点火阶段生成气热值变化示意图

生成速率变化如图 7-11 所示。点火阶段气化平均产物气生成速率为 8.21 m^3/h。

在该阶段初期，产物生成速率呈上升趋势，在 4 h 左右达到 8.7 m^3/h，随后在 0.5 h 内骤降至 6.9 m^3/h。在稳定 1 h 后再次上升至 12.01 m^3/h。在该试验阶段后期 4 h，产物又经历一次升降波动，变化趋势与生成气成分变化情况相对应。此时参与气化还原反应的游离水缺失。在随后的气化过程中，由于 CO 的增长速率小于 H_2 与 CO_2 下降速率之和，产物生成速率总体呈下降趋势。这与生成气成分变化规律一致。

耗煤速率作为评估气化效果的一个基础变量，其间接反映了气化过程的耗煤量，同时也间接反映了气化效率的高低。点火阶段耗煤速率变化曲线如图 7-12 所示。

整个试验点火阶段的耗煤速率波动较大，平均耗煤速率为 3.14 kg/h。在该试验阶段前 4 h，耗煤速率基本呈持续上升状态，表明气化区域在推移发育中。在 4 h 时，耗煤速率开始出现下降，在持续 0.5 h 后开始急速回升，升至 4.43 kg/h 后再次开始降低。这可能是由

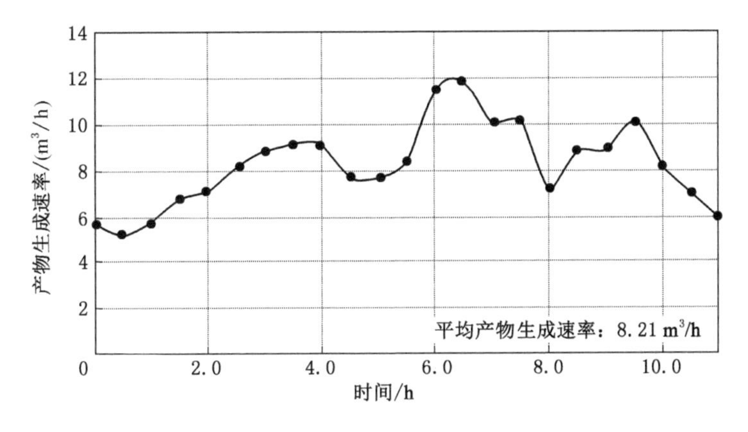

图 7-11　点火阶段产物生成速率变化曲线示意图

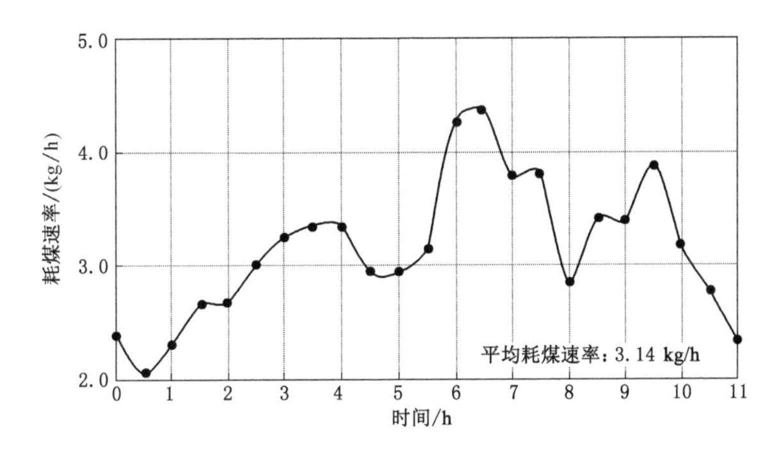

图 7-12　点火阶段耗煤速率变化曲线示意图

于气化前期气化反应在向稳态发展的过程中，气化区域人工煤层（粉煤、块煤）铺设密度不均，导致气化过程波动较大。在该试验阶段后期，耗煤速率再次出现较大幅度波动。在 9.5 h 左右，耗煤速率升至 3.95 kg/h，这是由于气化腔体向前扩展，烘干的煤层裂隙增加了氧化面积，提升了气化区域煤的氧化速度，而随着气化反应的进行耗煤速率逐渐降低又逐渐趋于稳定。

试验点火阶段平均单位质量煤产气量为 2.09 m^3/kg。如图 7-13 所示，在该阶段初期，单位质量煤产气量稳定增长，在 2.5 h 左右达到 2.18 m^3/kg，并维持在此水平。在 5.6 h 时，单位质量煤产气量又出现上升趋势，在 6.5 h 达到峰值 2.38 m^3/kg，随后便出现下降趋势，直至点火阶段结束。这是由于在该阶段后期，气化反应的还原反应以 CO_2 的还原为主，此区域煤层较松散增大了反应接触面积，加快了碳的消耗。

在煤炭地下气化过程中，气化效率是评价气化效果的一项重要指标，其是指气化生成煤气完全燃烧产生的化学能与气化耗煤完全燃烧产生的化学能之比。整个点火阶段的平均气化效率为 89.91%，点火阶段气化效率变化曲线如图 7-14 所示。

如图 7-14 所示，在试验初期，气化效率持续上升，在试验开始约 1.5 h 达到峰值（97.3%）。这是由于气化煤层中游离水对还原反应产生了促进作用，同时高氧浓度气化剂

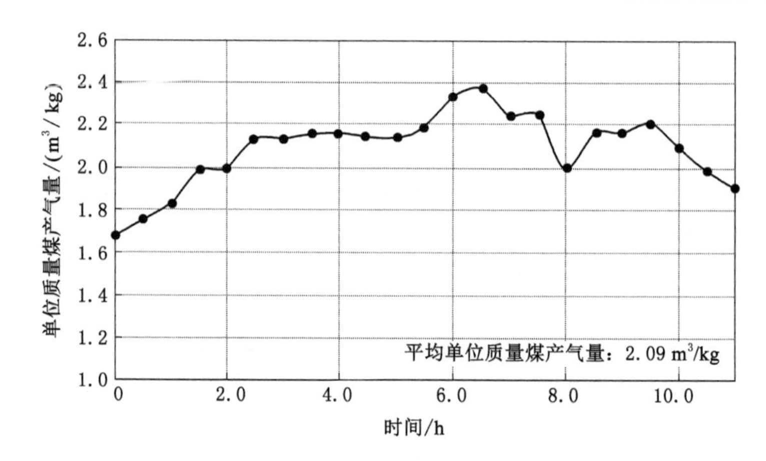

图 7-13 点火阶段单位质量煤产气量变化曲线示意图

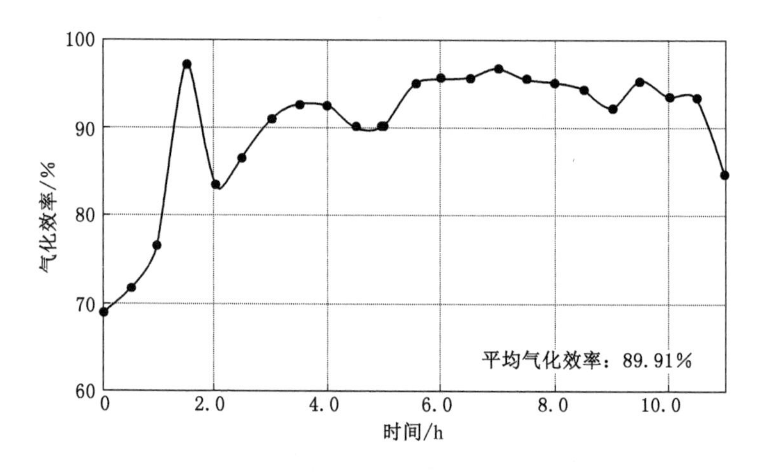

图 7-14 点火阶段气化效率变化示意图

又加剧了氧化反应的发生，此时气化区域的还原反应与氧化反应达到平衡，气化效率达到峰值。在 1.5 h 后气化效率下降，这是由于随着气化反应的进行，该气化区域的煤层被一定程度干燥，造成参与还原反应的水分缺失，还原反应减弱，从而打破了氧化还原反应平衡。在 2 h 左右，气化效率降低到最低值。在随后的 8 h 内，气化效率开始上升至 93%左右，在此期间气化效率整体较为平稳，直至 10 h 左右，气化效率开始下降。此现象可能是由于试验初期气化区域温度较高，位于气化区域后部的干馏干燥区产生了大量裂隙，增加了煤的氧化面积，从而提高了气化效率。

该试验阶段整体气化过程在试验初期波动相对试验后期为小，在 5～7 h 期间又出现一次活跃现象，剩余期间气化过程都相对较为稳定。

7.2.2 试验第二阶段

在试验开始约 11 h 后，试验点火阶段结束，随后进入试验第二阶段。试验第二阶段整体持续将近 34 h，注入气化剂为富氧空气，氧浓度约为 55%，注入流量约为 4.3 m^3/h。第二阶段生成气各气体组分变化曲线如图 7-15 所示。

在点火阶段，人工煤层和气化通道内游离水的参与加剧了气化反应中的还原反应，导致

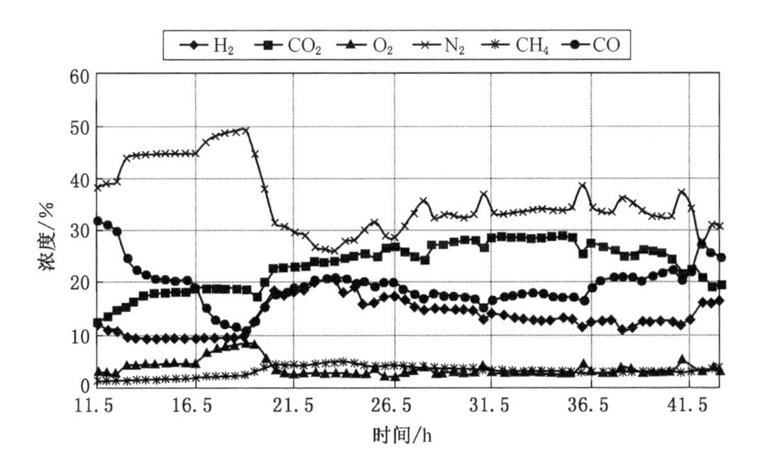

图 7-15　第二阶段生成气各组分含量变化曲线示意图

H_2和 CO 含量较高。而在游离水基本消耗完后，H_2和 CO 开始明显下降。

在试验第二阶段前 7 h 内，接续点火阶段各生成气体变化趋势，在第二阶段初期稳定在10%左右，在 19 h 时开始上升。CH_4含量缓慢上升至 4.81%，CO 含量下降幅度较大且下降速度较快，在 17.5 h 左右下降到最低值 11.9%，随后又开始缓慢上升。CO_2在 7 h 内持续上升至 23%左右，随后升至 29%并稳定在此水平。在试验第二阶段开始 7 h 后，H_2升至此试验阶段峰值约 20.82%。CO 含量开始回升，但回升速度缓慢且回升幅度较小。CH_4含量稳定在 4.2%左右，稳定时长约 6 h，随后又出现缓慢下降的趋势。在试验开始 18.5～36.5 h间，整体气化生成气各组分含量呈稳定趋势，这标志着气化反应进入稳定期。随着气化反应的进行，气化区域不断扩展发育，煤层的氧化面积增加，氧化反应程度大于还原反应，CO_2含量不断上升。在试验 35 h 左右，气化反应进入活跃期，CO_2浓度高达 29.3%，气化区域的高温度场和高浓度 CO_2促进了还原反应的发生，此时 CO_2含量开始下降，CO 含量上升，H_2和 CH_4含量基本不变，直到试验 41.5 h 左右，H_2和 CO 含量也开始出现小幅度的上升。

试验第二阶段生成气平均热值为 9.45 MJ/m^3，生成气热值变化曲线如图 7-16 所示。

在试验第二阶段开始初期，生成气热值变化状态顺应第一阶段呈下降趋势，在试验19 h左右停止下降，此时生成气热值为 9.02 MJ/m^3。随后生成气热值急剧攀升，在 1 h 内升至 10.41 MJ/m^3。热值急剧上升是由于 CH_4含量在此期间呈上升趋势，并维持在较高水平约 6 h。在试验 26.5 h 后，虽然 CO 含量有所上升，但 H_2和 CH_4含量都呈缓慢下降趋势，并在 33.5 h 左右均降至最低值，同时生成气热值与之对应，也降至最低值 8.37 MJ/m^3。而后，随着 H_2、CO 和 CH_4含量小幅回升，生成气热值也开始上升，并在 43 h 左右达到此试验阶段最高峰值 10.64 MJ/m^3。

试验第二阶段的平均产物生成速率为 10.73 m^3/h，产物生成速率变化曲线如图 7-17 所示。

在试验第二阶段初期，气化产物生成速率快速升高并稳定在 10.5 m^3/h 左右，在 16.5 h 后呈现上升趋势，在 21～23 h 时间段内，由 11.8 m^3/h 快速升高至峰值 21.58 m^3/h 后开始下降，在 3 h 内降至 10.32 m^3/h。在随后 13 h 内的气化过程中，产物生成速率稳定在

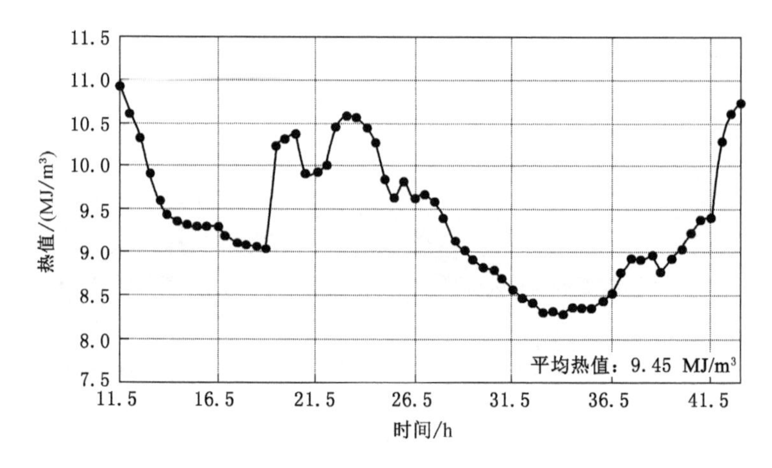

图 7-16 第二阶段生成气热值变化曲线示意图

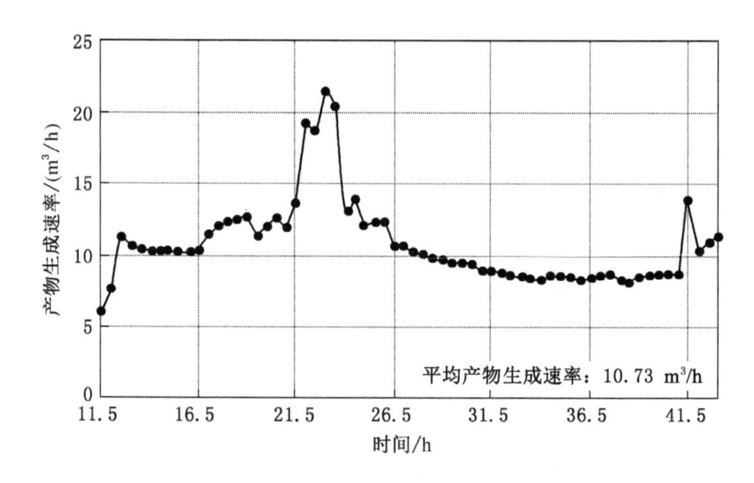

图 7-17 气化产物生成速率变化曲线示意图

7.9 m³/h 左右。由于在此期间，生成气中可燃气体成分含量上升，热值升高，气化效果较好，因此产物气生成速率存在一定幅度的提升。而后随着气化进程推移，H_2、CO 含量下降，生成气热值开始出现降低现象，产物生成速率也开始下降。对应图 7-15 中 41 h 生成气成分含量的变化情况，H_2、CO、CH_4 含量开始上升，产物生成速率也对应增加。

试验第二阶段平均耗煤速率为 4.49 kg/h，平均单位质量煤产气量为 1.97 m³/kg，其变化曲线分别如图 7-18、图 7-19 所示。

在试验第二阶段初期，耗煤速率在 1 h 内急剧攀升至 4.94 kg/h，随后稳定在此水平附近。在 16.5 时，耗煤速率再次出现上升趋势，且在上升过程中上升速度先缓慢后加速。在 23 h 时，耗煤速率升至 9.23 kg/h，随后又在 4 h 内下降至 4.08 kg/h 水平。这是由于调整气化剂注入参数对气化反应强度产生了促进作用，而在气化区域推移过程中，人工煤层结构密度不均匀，对气化过程产生了不稳定影响。在 27～41 h 期间内，耗煤速率呈持续平缓下降趋势，总体下降幅度不超过 0.6 kg/h。这表明气化过程在该时期进入稳定发育阶段。在该试验阶段末期，耗煤速率开始急剧波动。这可能是由于此时气化区煤层结构较为松散，增大了氧化接触面，提高了气化速度，加快了气化反应进程。此时气化生成气热值升高(对照

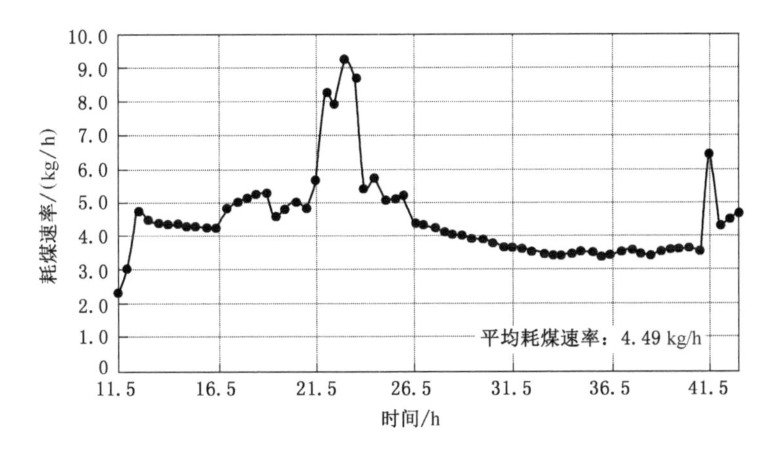

图 7-18　试验第二阶段耗煤速率变化曲线图

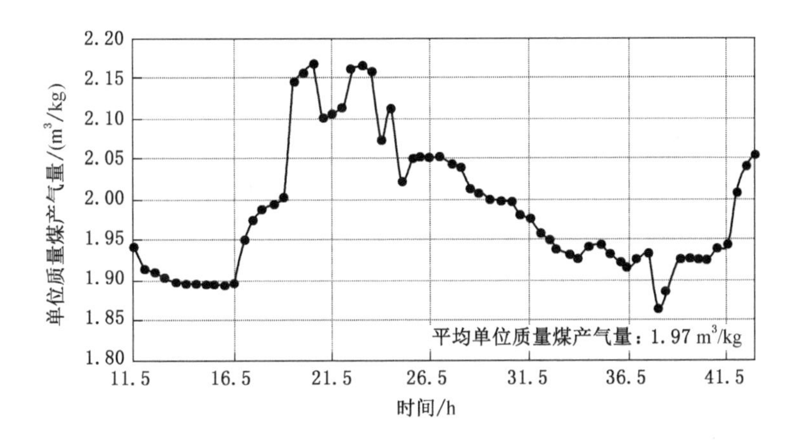

图 7-19　试验第二阶段单位质量煤产气量曲线示意图

图 7-16)，生成气中 H_2、CO、CH_4 含量也上升，表明气化反应程度增强，耗煤速率也相应升高。

试验第二阶段单位质量煤平均产气量为 1.97 m^3/kg，在该阶段前 5 h 内，单位质量煤产气量未出现明显变化。在 16.5 h 时，单位质量煤产气量开始迅速上升，在 3 h 内从 1.84 m^3/kg 升至 2.12 m^3/kg，并在此水平附近波动。在 23 h 时开始下降，下降速度逐渐减小，但整体一直处于下降状态。在 37.5 h 时，降至 1.82 m^3/kg 后开始持续上升，直至次阶段结束。此阶段单位质量煤产气量变化趋势与热值和产气速率变化趋势相同，这可能由于气化区扩展，增大了气化区域面积，增大了气化剂与气化煤层的接触面积，随着气化反应的进行，气化区扩展趋于稳定，生成气可燃气体成分、热值、产气速率等指标都相对稳定。在 41 h 左右，气化区再次发生扩展，各项指标又出现明显上升现象。

试验第二阶段的平均气化效率为 71.53%，气化效率变化曲线如图 7-20 所示。

试验第二阶段气化效率整体变化较为平稳。在试验开始 11.5～19 h 期间，气化效率未出现较大波动，在 19 h 后，气化效率由 68.74%快速升至 83.24%。在 19～28 h 期间，气化效率一直处于 70%以上，在 28 h 时，由于生成气热值、产物生成速率、耗煤速率的降低，气化效率开始呈持续下降趋势，但下降速度较为缓慢。由于在 36 h 时气化进入活跃期，生成气

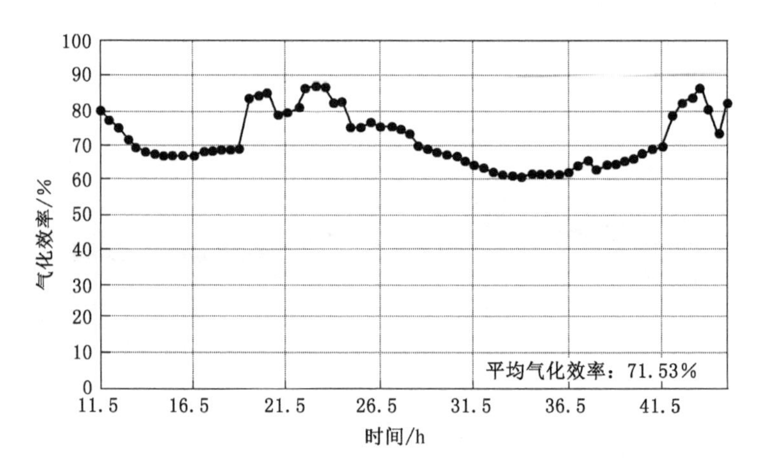

图 7-20 试验第二阶段气化效率变化曲线图

可燃气体组分含量、热值都开始上升，气化效率也随之升高。试验第二阶段的平均气化效率较点火阶段下降了 18.38 个百分点。

7.2.3 试验第三阶段

在试验进行约 45 h 后，试验第二阶段结束，进入第三阶段。试验第三阶段整体持续约 32 h，注入气化剂为富氧空气，其中氧浓度约为 45%，注入流量约为 4.7 m^3/h。第三阶段生成气各气体组分变化曲线如图 7-21 所示，生成气燃烧火焰状态如图 7-22 所示。

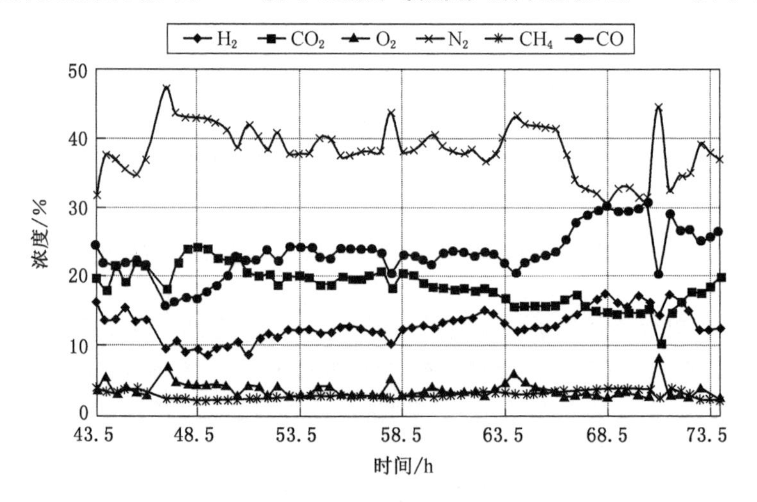

图 7-21 试验第三阶段生成气各气体组分变化曲线示意图

试验第三阶段生成气可燃气体组分含量波动现象集中出现在阶段初期与后期，在阶段中期变化则相对平稳。在该试验阶段初期，由于气化剂注入流量增加，在一定时间内加剧了气化过程中的氧化反应强度，此时除 CO_2 含量上升外，H_2、CO、CH_4 含量都出现一定幅度的下降现象。而当 CO_2 浓度达到较高水平时，表明氧化反应程度剧烈，此时氧化反应产生的高温度场和高浓度 CO_2，促进了还原反应的发生。因此在试验进行 48 h 时，CO_2 含量开始下降，H_2 和 CH_4 含量开始出现上升趋势，但上升速度较缓慢。CO 含量开始上升，在升至 24% 左右后稳定在此水平。在气化过程中，气化反应的移动方向受气化剂浓度和生成气含量影

图 7-22　试验第三阶段生成气燃烧状态图(夜间)

响。当 CO 含量过高时,说明此时还原反应活跃,但温度逐渐降低,气化反应会向氧化反应方向偏移。因此在试验进行 72 h 左右时,H_2、CO、CH_4 含量开始下降,CO_2 含量开始升高。

试验第三阶段生成气热值平均值为 10.03 MJ/m³,生成气热值变化曲线如图 7-23 所示。

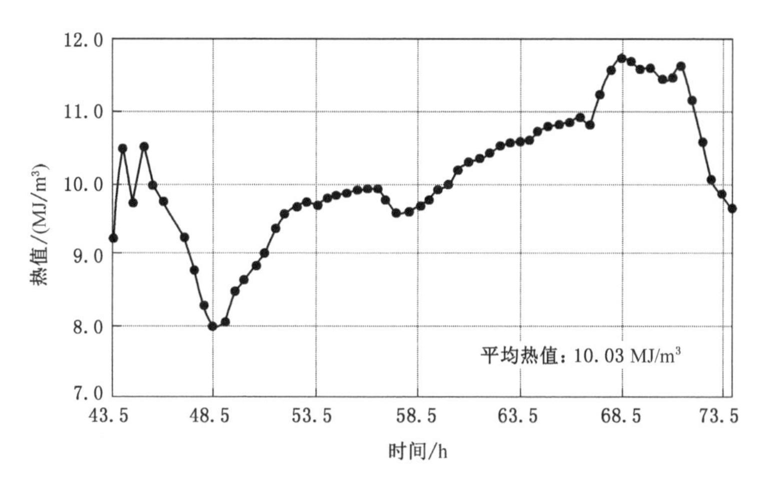

图 7-23　试验第三阶段生成气热值变化曲线示意图

在试验第三阶段初期,生成气热值急速上升至 10.53 MJ/m³,在此水平波动 2 h 后开始下降,在 3 h 内降至 7.99 MJ/m³。这是由于该阶段初始气化剂的改变,提高了气化反应的反应强度,促进了生成气可燃气体组分的产生。气化过程是一个先活跃后衰减,再活跃再衰减的循环过程。当还原反应强度升高到一定水平时,便出现衰减现象。因此在 44.5 h 时,生成气可燃气体组分含量降低,生成气热值也随之下降。随后在试验进行至 48 h 左右,生成气热值开始回升,并一直持续了将近 24 h。在试验进行至 68 h 左右时,生成气热值达到峰值(11.75 MJ/m³)。而后又随着生成气中 H_2、CO、CH_4 含量的下降而呈现下降趋势,直至试验阶段末期,生成气热值才趋于稳定,此时期平均热值为 9.73 MJ/m³。

试验第三阶段平均产物生成速率为 6.59 m³/h,产物生成速率变化曲线如图 7-24 所示。在试验第三阶段前期,产物生成速率出现短暂小幅波动,在升至 7.21 m³/h 后又迅速下降至 5.33 m³/h。在 46～66 h 区间,产物生成速率未出现明显大幅度的波动,稳定在 6～7 m³/h

范围内。对照图 7-21 与图 7-23 可以看出，在试验进行至 66 h 左右，气化生成气可燃气体组分含量上升，热值相应增加，产物生成速率由 6.12 m^3/h 激增至 9.01 m^3/h，且在 66～70 h 期间一直处于较高水平。在试验第三阶段末期，产物生成速率降至 5.02 m^3/h，随后上升并在 6.28 m^3/h 附近小幅波动。

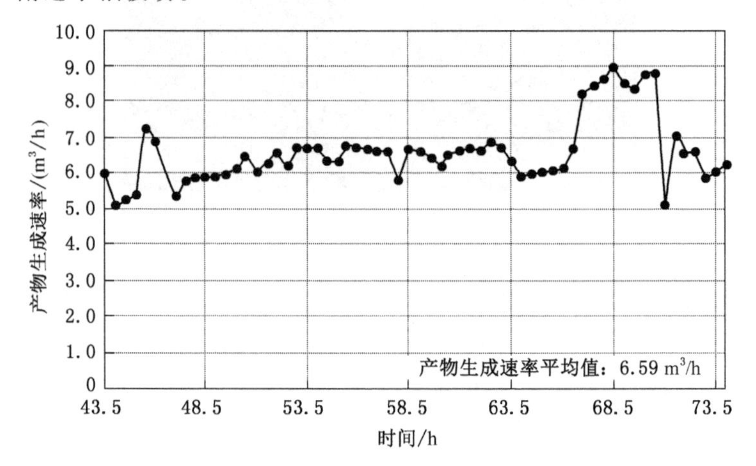

图 7-24　试验第三阶段产物生成速率变化曲线示意图

试验第三阶段平均耗煤速率为 3.98 kg/h，耗煤速率变化曲线如图 7-25 所示。

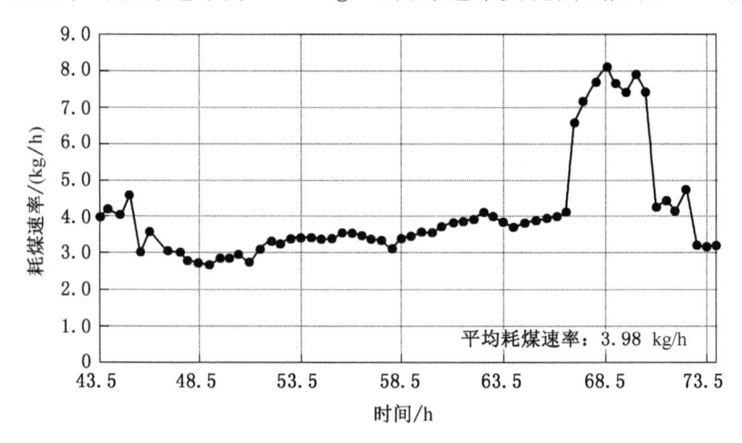

图 7-25　试验第三阶段耗煤速率变化曲线图

试验第三阶段的耗煤速率整体变化趋势较平稳，在该试验阶段初期，耗煤速率从 3.97 kg/h 降至 2.73 kg/h 后，在 2.7～4.0 kg/h 范围内平稳起伏。注入气化剂氧气浓度降低 10%，直接导致氧化反应强度衰减，降低了气化区域温度，从而间接弱化了还原反应，减缓了煤炭的消耗速度。至 66.5 h，耗煤速率开始急速攀升，在 2 h 内升至该试验阶段耗煤速率最高值 8.08 kg/h。在 67～70.5 h 期间，耗煤速率一直处于较高水平，平均耗煤速率为 7.48 kg/h。随后在 70 h 时，开始骤降至 4.11 kg/h。由图 7-21 与图 7-23 可以看出，在 67～70.5 h 期间，生成气可燃气体组分含量与生成气热值都出现了激增现象，耗煤速率变化趋势与之相对应。这表明此时段气化反应程度较为剧烈，此变化可能是由于气化区域进一步扩展，气化效果得到优化。在气化区推移的过程中，由于气化煤层的不均质性，气化反应会出现一定范围内的波动。因此在 72.3 h 后，耗煤速率又出现变化。

试验第三阶段平均单位质量煤产气量为 1.92 m^3/kg，单位质量煤产气量变化曲线如图 7-26 所示。在整个试验第三阶段，单位质量煤产气量基本保持在 1.8～2.2 m^3/kg 之间，未出现较大范围波动现象。在 67 h 后，单位质量煤产气量波动幅度较大，在 71 h 达至峰值后快速下降。

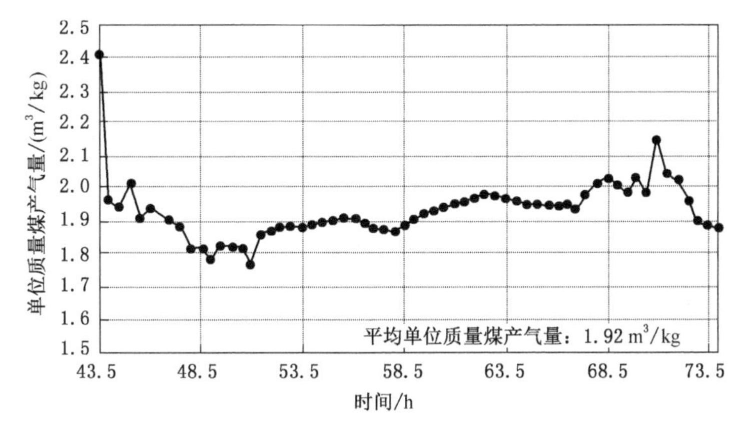

图 7-26　单位质量煤产气量变化曲线示意图

试验第三阶段平均气化效率为 75.08%，气化效率变化曲线如图 7-27 所示。

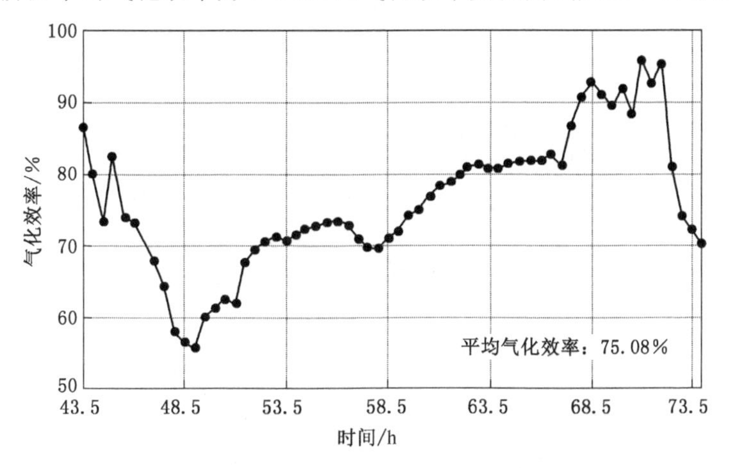

图 7-27　试验第三阶段气化效率变化曲线示意图

在煤炭地下气化过程中，生成气可燃气体成分含量与生成气热值直接反映了气化效率的高低。如图 7-21、图 7-23 与图 7-27 所示，气化效率变化趋势与生成气可燃气体成分含量和生成气热值变化基本相同。在第三阶段初始期间，气化效率下降了 14.56 个百分点。由于生成气可燃气体组分含量及生成气热值的波动，气化效率又开始上升。由于生成气可燃气体成分含量的下降以及产物生成速率的降低，气化效率在升至 82.61%后开始迅速下降，在 49 h 时达到最低值，此时气化效率为 55.63%。随着生成气中 H_2、CO、CH_4 含量以及产气速率的逐渐升高，气化效率开始以平均每小时 0.91%的速度平稳增长，直到在 66.5 h 左右，气化效率增长速度开始显著提升，在 5 h 内升至 95.24%。在试验进行至 72 h 左右，气化效率从 95.24%开始骤降，至 74 h 左右停止下降，稳定在 70%左右。

7.2.4 试验第四阶段

在试验进行约 75 h 后，第三阶段结束，进入第四阶段。此时试验气化区域已经扩展至人工煤层后部，这标志着整个气化试验步入后期阶段，气化活跃程度相对前三个阶段有所衰减。试验第四阶段时长为 10 h，气化剂为富氧空气，注入氧气浓度约为 45%，注入流量由试验第三阶段的约 4.7 m^3/h 提升至约 5.3 m^3/h。试验第四阶段生成气可燃气体组分含量变化曲线如图 7-28 所示，生成气燃烧状态如图 7-29 所示。

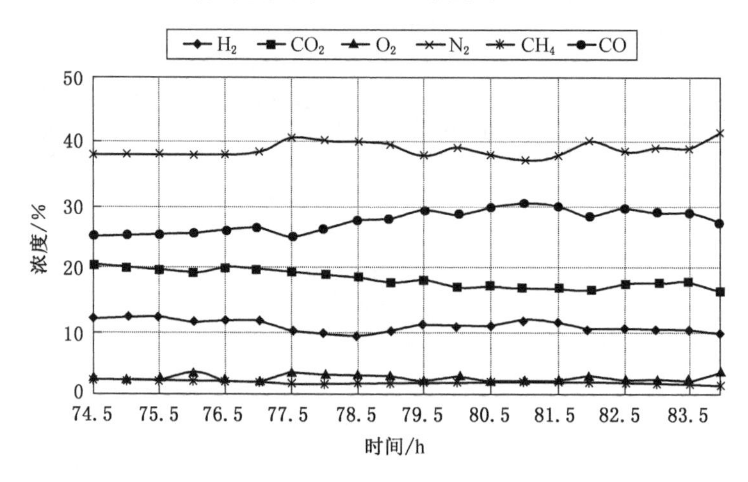

图 7-28 试验第四阶段生成气可燃气体组分含量变化曲线示意图

图 7-29 试验第四阶段生成气燃烧状态图(夜间)

在试验第四阶段，整个气化过程非常稳定，各生成气可燃气体组分含量波动范围低于 5 个百分点，CO 含量稳定在 27%附近水平，H_2 含量保持在 12%水平，CH_4 含量较低，持续稳定在 2.8%左右，未出现明显变化。由于气化剂注入流量增加，气化区域煤层表面气体的质量交换程度加剧，生成的 CO 被迅速带走从而促进了 CO_2 的还原反应，在一定程度上弥补了处于气化后期的反应弱化缺口，因此在试验第四阶段初期，生成气 CO 含量上升速度缓慢且上升幅度较小。至 77 h 时出现略微下降，随后又持续平稳上升并稳定在 30%左右。在煤炭地下气化过程中，气化过程一直是一个随气化剂的量（配比及流量）增大而呈现稳定、衰竭、增长、再稳定、再增长的循环过程。在试验后期，由于气化区域内部空间的不断扩大和气化系统的热量损失，满足气化反应衰减和增长变化需要的温度条件较高，而试验第四阶段时长仅有 10 h，难以完整呈现气化过程的循环变化，因此，第四阶段 CO 含量上升梯度和上升速度都较小。

试验第四阶段生成气热值整体变化范围较小，平均热值为 9.81 MJ/m³，整体变化曲线如图 7-30 所示。

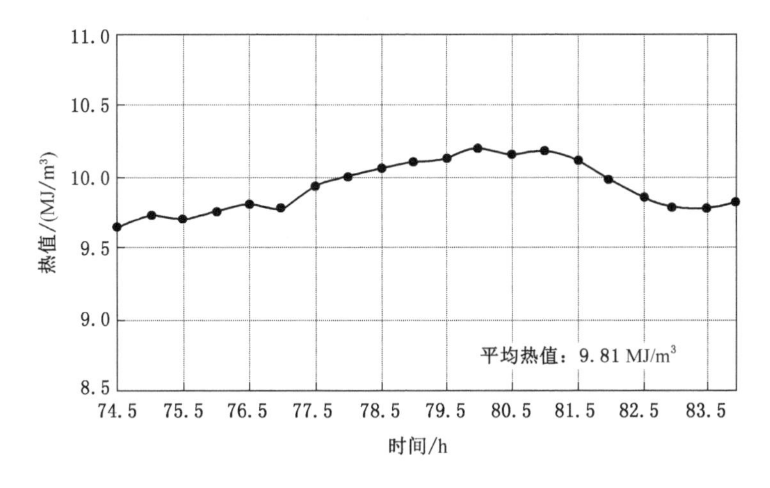

图 7-30　试验第四阶段生成气热值变化曲线示意图

在试验第四阶段前期，生成气热值呈持续缓慢上升趋势，试验进行至 80 h 达到峰值（10.37 MJ/m³）。而后热值开始下降，在 2 h 内降至 9.78 MJ/m³。在后续的气化过程中，生成气热值在不超过 0.2 MJ/m³ 的范围内波动。由于试验第四阶段升高了气化剂注入流量，气化通道内的送风量增加，减少了气化区顶部的热损，提高了气化区的温度，使得 CO_2 的还原反应进行得更加剧烈，CO 生成速度也加快，生成气的热值也随之升高。但气化剂注入流量升高梯度较小，仅升高了 0.6 m³/h，因此 CO 含量虽有提升但提升量并不明显，这也是生成气热值增长水平不显著的原因。

试验第四阶段平均产物生成速率为 6.64 m³/h，产物气生成速率如图 7-31 所示。

此阶段产物生成速率变化趋势与热值变化趋势相对应，气化剂注入流量的提高改善了气化条件，使得气化剂在气化区域内充分混合，加剧了 CO_2 的还原，提高了 CO 含量，增大了气化反应程度，从而在一定程度上提升了产物的生成速率。在该试验阶段前期，产物气生成速率从 5.93 m³/h 持续上升至 7.27 m³/h。随后产气速率在 7.35 m³/h 附近波动，此变化持续约 2 h。在 81.5～84 h 期间，产气速率又出现持续缓慢下降现象，下降过程不平稳，但在此时间段产气速率总体呈下降趋势。

试验第四阶段平均耗煤速率为 3.83 kg/h。第四阶段耗煤速率与如图 7-32 所示。

与试验前三个阶段相比，整个试验第四阶段耗煤速率波动幅度与频率相对较大，范围在 3.03～4.17 kg/h 之间。在试验第四阶段前期，耗煤速率基本稳定上升，在试验进行至 81 h 左右达到峰值 4.17 kg/h，随后开始呈下降趋势，且在 1.5 h 后降至 3.85 kg/h，并稳定在该值附近。在前述第四阶段产物生成速率变化分析中已经明确指出，气化剂注入流量的提升

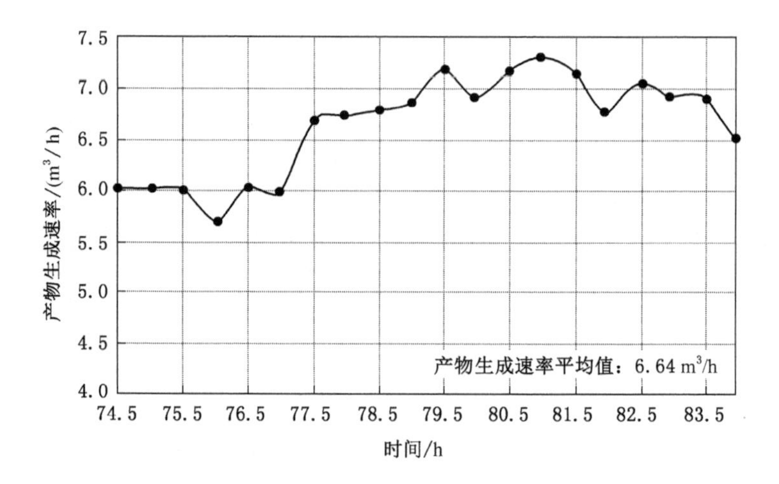

图 7-31 试验第四阶段产物生成速率变化曲线示意图

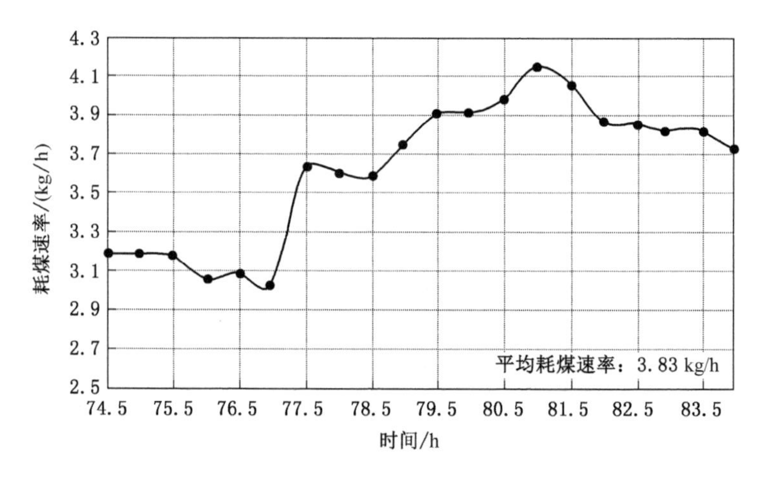

图 7-32 试验第四阶段耗煤速率变化曲线示意图

会间接加剧 CO_2的还原，增加 CO 含量，从而提高气化产气速率。同时，增大气化剂注入流量会增加气化区域内的气流流速，气化煤层的裂隙也会相应增多，从而增大氧化面积，提升耗煤速率。

试验第四阶段单位质量煤平均产气量为 1.84 m^3/kg，变化曲线如图 7-33 所示。单位质量煤产气量变化趋势与耗煤速率大致相同，但单位质量煤产气量的波动幅度较小，仅大致为 0.12 m^3/kg。在煤炭地下气化过程中，随着气化剂注入流量的增加，气化剂与气化煤层的接触更充分，气化区域内气-固交换频率增长，使得单位质量煤产气量也有一定水平的提升。因此试验第四阶段前期单位质量煤产气量持续上升，至 79.5 h 开始平缓下降。

试验第四阶段平均气化效率为 69.31%，气化效率变化曲线如图 7-34 所示。

受气化剂注入流量调整的影响，在试验第四阶段初期，气化效率持续平稳上升，至 80 h 升至最高值 73.6%。随后开始以较为缓慢的速度下降，并稳定在 69%左右，波动范围小于 2%。在该试验阶段，受气化剂注入流量提升对气化反应的积极影响，氧化反应加剧，气化区域温度升高，促进了 CO_2的还原，提升了 CO 含量与生成气热值，并在一定程度上提高了气

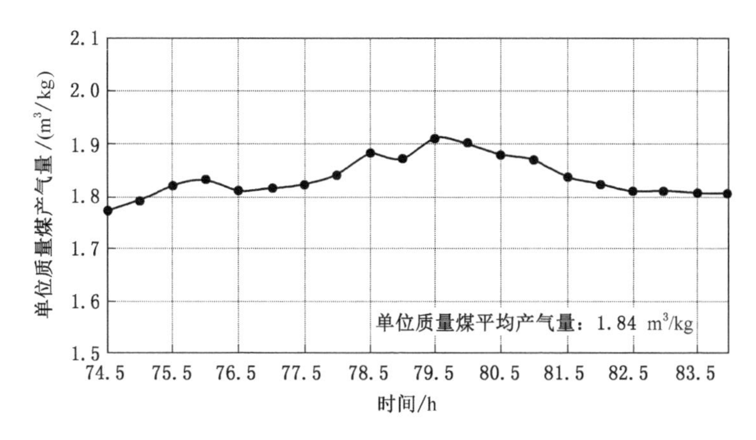

图 7-33 试验第四阶段单位质量煤产气量变化曲线示意图

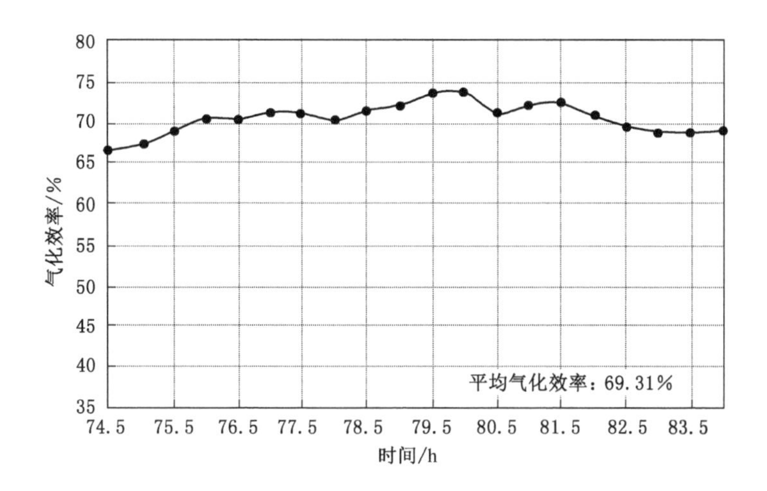

图 7-34 试验第四阶段气化效率变化曲线示意图

化产物气生成速率，因此在该条件下，气化环境得到优化，气化效率得以提升。

7.2.5 富氧-水蒸气阶段

在富氧气化过程中加入水蒸气可有效调节气化剂组分，研究富氧-水蒸气气化过程目的在于考察不同富氧浓度-水蒸气气化剂对试验气化产物的影响，在与试验第一、第二、第四阶段气化剂富氧浓度及注入流量对应相同的基础上进行对比。

在试验开始 84 h 后，试验进入富氧-水蒸气试验阶段。整个富氧-水蒸气阶段持续 10 h，分为三个子阶段：S1(84.5～87.5 h)、S2(87.5～91.5 h)和 S3(91.5～94.5 h)，每个子阶段时长约为 3 h。三个子阶段气化剂注入氧含量及流量分别为：(45%，5.3 m^3/h)，(55%，4.3 m^3/h)，(50%，2.7 m^3/h)。富氧-水蒸气阶段生成气可燃气体组分含量变化如图 7-35 所示。

在煤炭地下气化过程中，煤中部分碳与气化剂中氧气发生氧化反应，且反应速率极快，主要生成 CO_2；之后煤中未参与氧化反应的碳分别与 CO_2、水蒸气发生碳的气化反应与水煤气反应，而碳的气化反应生成的部分 CO 会与 H_2O 发生水气变换反应。由于在富氧条件下，水参与了气化反应，消耗了一定质量的碳和 CO，造成 CO 含量下降，且该富氧-水蒸气阶

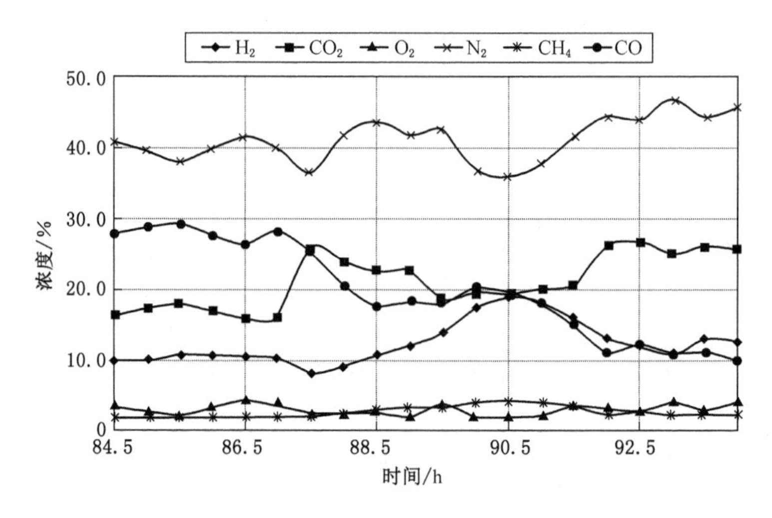

图 7-35　试验富氧-水蒸气阶段生成气可燃气体成分含量变化曲线示意图

段又位于整体试验后期，气化反应强度与试验前期相比相对减弱，水的参与吸收了气化区域的一部分热量导致缺乏足够高的温度，从而导致还原反应不够活跃，因此从图 7-35 中可以看出，在试验 S1 阶段中，CO 含量下降，H_2、CH_4 含量微升，CO_2 含量持续波动。在 S2 初始阶段，由于调整气化剂注入参数时水蒸气管道接头出现漏气故障，停止水蒸气供应约 0.5 h 更换接头，水蒸气缺失导致水煤气反应与水气变换反应无法进行，生成气各气体成分含量开始出现短暂异常波动。至 87.5 h 时，水蒸气供应管道接头更换完毕，生成气各气体成分含量开始正常变化。

与试验 S1 阶段相比，S2 阶段气化剂注入流量减至 4.3 m^3/h，氧气浓度增至 55%。气化剂氧气浓度上升在一定程度上加剧了氧化反应，提高了气化区域温度，促进了还原反应。但氧气浓度上升幅度较低，对还原反应的促进作用有限，且水蒸气与一部分 CO_2 还原产生的 CO 发生水气变换反应，消耗了一部分 CO，因此 CO 含量呈下降趋势，但下降速度较 S1 阶段明显下降；H_2 和 CH_4 分别延续 S1 阶段上升趋势，在 90.5 h 时达到峰值（H_2 为 18.93%，CH_4 为 4.6%），并在此水平维持稳定。在试验 S3 阶段，气化剂注入流量降至 2.7 m^3/h，氧气浓度降至 50%。在气化剂注入参数调整后约 0.5 h，H_2 含量先降低后上升，CH_4、CO 含量持续下降，CO_2 含量上升。这可能是由于气化剂注入流量下降过多且气化空腔过长，气化剂流量的减小导致气化剂在气化区前部滞留，部分气化剂由气化区端部溢至气化区尾部，端部煤层在气化前期消耗之后再次气化的强度不足，只有尾部煤层气化效果相对较好。因此在经过 1.5 h 左右的稳定阶段后，气化反应开始加剧，但气化反应的加剧产生的促进作用与试验后期气化反应的衰减对气化产生的消极作用相抵消，导致 H_2 含量较试验第一阶段升高现象不明显。加剧的气化反应集中在气化区域尾部，一部分热量从出气口流失，一定程度上促进了氧化反应，同时也减弱了对还原反应的促进作用。

试验富氧-水蒸气阶段热值平均为 8.78 MJ/m^3，热值变化曲线如图 7-36 所示。

在 S1 阶段，生成气仅 H_2 和 CH_4 含量小幅度上升，因此生成气热值出现上升趋势但升高现象不明显。如上文所述，更换水蒸气供应管道接头使水蒸气供应停止约 0.5 h，导致 CO、H_2 含量突降。在 87.5 h 时，S2 阶段开始，生成气热值开始迅速回升，在 90.5 h 达到峰

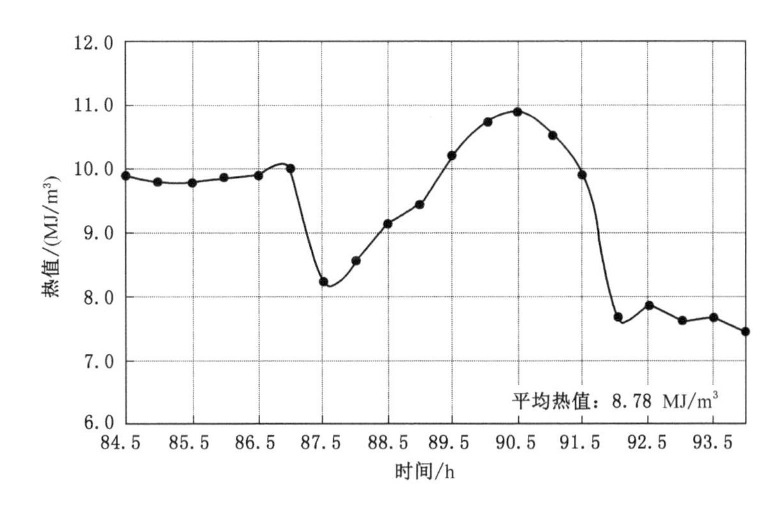

图 7-36　试验富氧-水蒸气阶段热值变化曲线示意图

值 10.87 MJ/m^3。在 S2 阶段，水蒸气的正常供应与供氧浓度的提高促进了还原反应，H_2、CH_4 含量的提升使生成气热值增长至较高水平。在 90.5 h 降低气化剂注入流量及氧浓度，生成气热值开始下降，在 7.76 MJ/m^3 附近水平保持稳定。

试验富氧-水蒸气阶段平均产物生成速率为 8.69 m^3/h，产物生成速率变化趋势如图 7-37 所示。在 S1 阶段气化反应状态延续第四阶段，整体产物生成速率维持在 6.7 m^3/h 左右。由于 CO 含量出现略微下降，仅 H_2、CO_2、CH_4 含量有所提升但升高幅度都较小，此阶段产物生成速率相对第四阶段仅提高 0.3 m^3/h，未发生显著提升现象。S2 阶段与 S1 阶段相比，气化剂氧气浓度提升了 10%，注入流量下降了 1 m^3/h。氧气浓度的提升加剧了氧化反应强度，提高了气化区域的温度，对还原反应产生的促进作用在一定程度上超越了气化剂注入流量降低对气化反应造成的弱化作用，水气变换反应与水煤气反应增强。因此在 S2 阶段，随着气化剂注入参数调整对气化反应产生的强化，产物生成速率出现明显上升现象。在 S3 阶段中，由于气化剂注入流量降至 2.7 m^3/h，氧气浓度下降 5%，导致生成气可燃气体成分含量锐减，产气速率也开始骤降。在 92.5 h 降至 8.3 m^3/h，并在此水平附近波动。

如图 7-38 所示，试验富氧-水蒸气阶段耗煤速率整体变化范围较大，平均耗煤速率为 3.73 kg/h。在 S1 阶段，耗煤速率延续第四阶段变化趋势，稳定在 3.6～3.8 kg/h 之间。在 87 h 时，更换水蒸气注入管道接头导致耗煤速率骤降。在 S2 阶段初期，由于气化剂参数的调整，注氧浓度增加对氧化反应产生了强化作用，耗煤速率迅速回升，在 88 h 时上升速度开始减缓，但整体速率依旧呈升高趋势。在 S3 阶段，注氧浓度降至 50%，注氧流量调整为 2.7 m^3/h。由于气化剂注氧参数的降低幅度较大，气化区缺少足够的氧气不能维持 S2 阶段的气化反应状态，氧化反应程度开始衰减，气化区温度下降，还原反应也随之减弱。这也导致了该阶段耗煤速率出现迅速下降现象，在降至 3.4 kg/h 后趋于稳定。

富氧-水蒸气阶段单位质量煤平均产气量为 1.97 m^3/kg，整体变化曲线如图 7-39 所示。由于富氧-水蒸气阶段气化反应主要以水煤气反应与水气变换反应为主，相对富氧-空气气化，对气化生成的 CO 的消耗量增加，对煤中 C 的转化量影响较小，且 S1 与 S2 阶段中气化剂参数的调整幅度相对 S3 阶段较小，因此在 S1、S2 阶段单位质量煤产气量未出现明显波

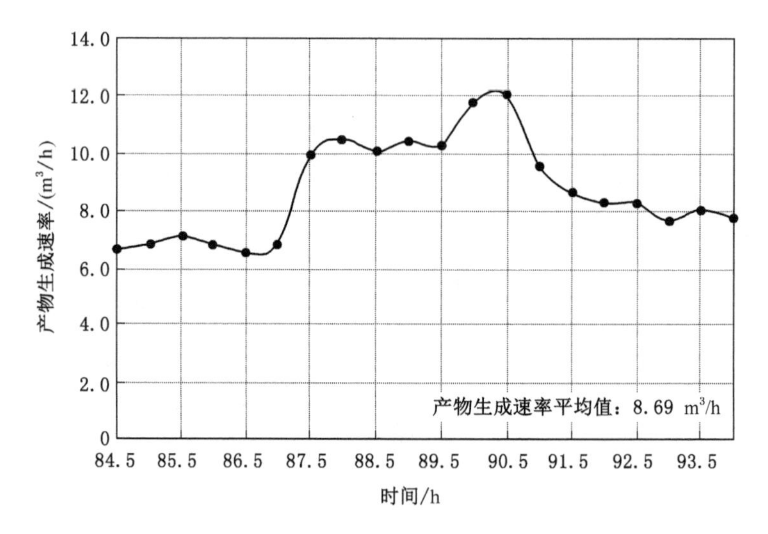

图 7-37 试验富氧-水蒸气阶段气化效率变化示意图

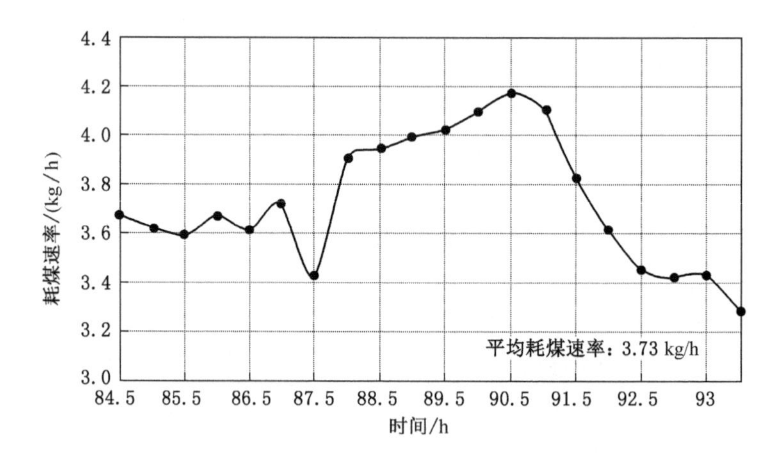

图 7-38 试验富氧-水蒸气阶段耗煤速率变化曲线示意图

动，一直稳定在 1.9 m^3/kg 左右。而在 S3 阶段初期，单位质量煤产气量快速降低至 1.91 m^3/kg，之后趋势由下降变为上升并稳定在 2.0 m^3/kg 左右。

试验富氧-水蒸气阶段平均气化效率为 67.67%，气化效率变化曲线如图 7-40 所示。在 S1 阶段，气化效率稳定在 70%左右。由于水蒸气管道接头的更换，气化效率在 87 h 时出现持续降 0.5 h 的现象，随后在 S2 阶段持续上升至 92.1%。由于 S3 阶段气化剂注入参数的调整，气化效率又开始出现下降现象，在 91 h 时降至 58.4%并在此水平保持稳定。

如前文所述，气化剂注入参数的调整是造成试验生成气成分含量变化的主要因素，而生成气成分变化又直接影响着气化效率水平。但是该试验阶段气化效率相对第四阶段略微降低，这可能是在气化试验后期，气化反应强度随着时间推移而降低所引起的。

7.2.6 灭火阶段

试验进入灭火阶段，标志着气化试验即将结束。灭火阶段持续时长约 6 h，在 98 h 时，灭火已经基本完成。灭火阶段为氮气+CO_2两段式灭火。在灭火阶段前两个小时注入气化

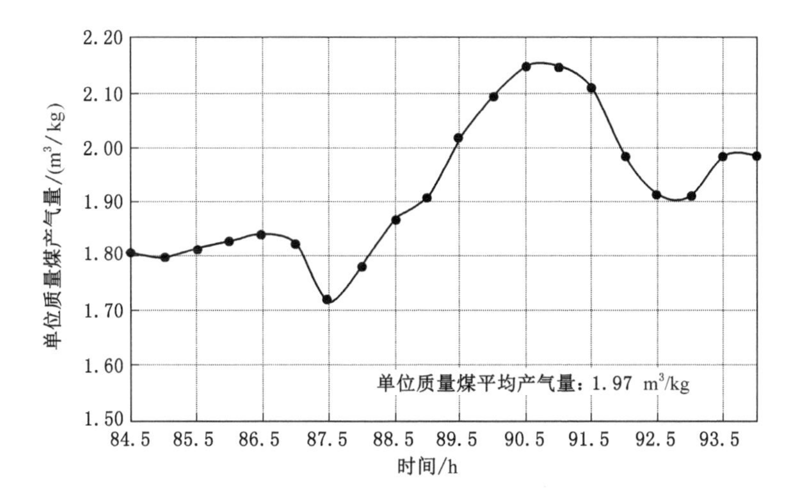

图 7-39　试验富氧-水蒸气阶段单位质量煤产气量变化曲线示意图

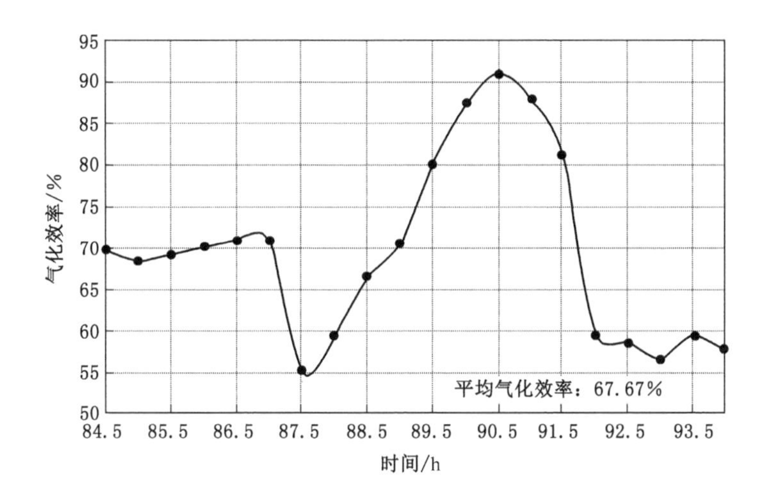

图 7-40　试验富氧-水蒸气阶段气化效率变化示意图

剂为氮气，在试验进行至 96 h 左右，将气化剂由氮气更换为 CO_2。灭火阶段生成气成分含量变化曲线如图 7-41 所示。

在氮气灭火阶段，由于气化剂中氧气的缺失，气化区域的氧化反应逐渐终止，除氮气外，其余气体含量都逐渐降低。在 96 h 时，由于将氮气改为 CO_2，CO 含量开始上升，但持续时间较短，CO 升高现象仅持续约 0.5 h，随后便开始骤降。CO_2浓度的上升进一步促进了还原反应中 CO_2的还原，导致 CO 含量上升。但氧化反应的消失使气化区域的温度急速下降，逐渐无法满足还原反应所需的温度场，因此 CO 在上升一段时间后便开始下降直至归零。另外，由于气化剂中含有大量的 CO_2，特别是在 96 h 后气化剂全部为 CO_2，因此，CO_2 含量一直为上升趋势，直至停止注入后开始骤降归零。

该试验阶段气化煤气热值整体变化曲线如图 7-42 所示，前 4 h 生成气平均热值为 5.32 MJ/m^3。

在试验灭火阶段，气化煤气热值对应气体成分含量变化趋势，在 94.5～96 h 期间呈持

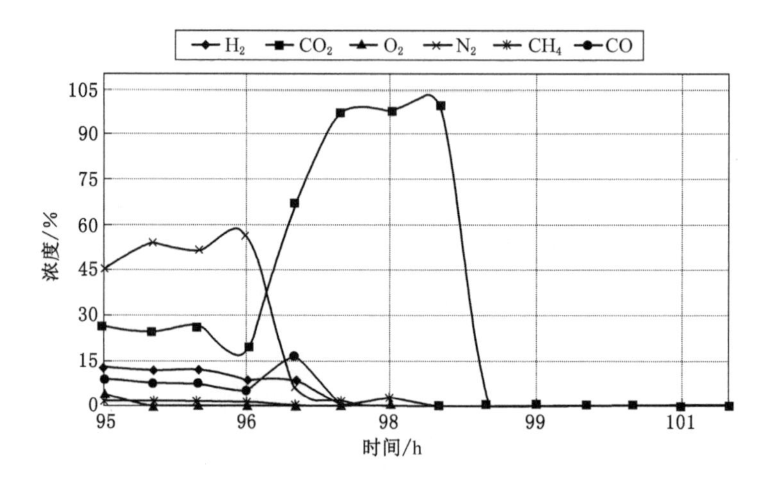

图 7-41 试验灭火阶段生成气成分含量变化曲线示意图

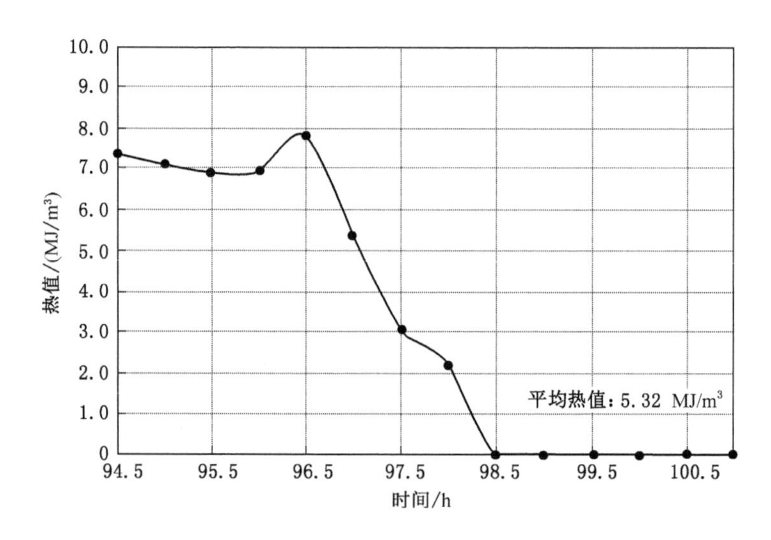

图 7-42 试验灭火阶段生成气热值变化曲线示意图

续下降状态。由于气化剂成分的调整，在 96 h 时，热值出现小幅且短暂的回升，而后开始骤降直至 98.5 h 时降至为零。

由于灭火阶段气化反应程度相对试验前几个阶段较弱，产物生成速率明显降低。如图 7-43 所示。

产物生成速率为先平缓下降，再短暂上升，再剧烈下降的变化趋势。该试验阶段前 3 h 平均气体生成速率为 4.78 m^3/h。

灭火阶段耗煤速率变化曲线如图 7-44 所示，前 4 h 平均耗煤速率为 1.4 kg/h。由于氮气通入的时间较短，在灭火阶段初期，耗煤速率下降速度较为平缓。而随后通入 CO_2 又在一定程度上促进了气化反应中 CO_2 的还原，增加了碳的消耗。在通入 CO_2 后期，耗煤速率开始迅速降低，在 98 h 左右降为零，气化进程基本停止。

在试验灭火阶段，氮气的通入阻碍氧化反应的进行，降低了整个气化区域的温度，导致 C 的转化相对减弱。如图 7-45 所示，在该试验阶段前期，单位质量煤产气量持续平稳下降，

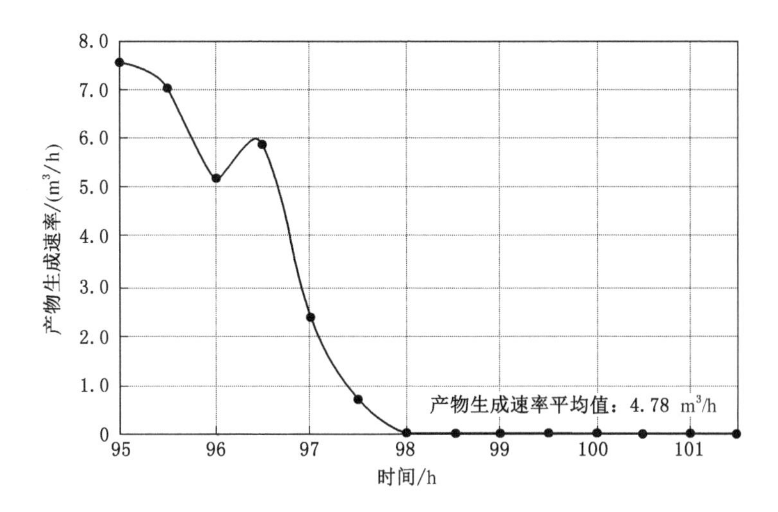

图 7-43　试验灭火阶段产物气生成速率变化曲线示意图

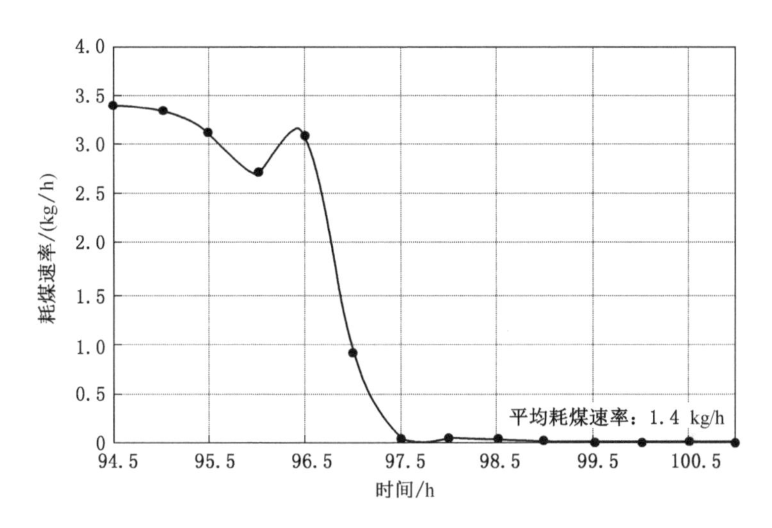

图 7-44　试验灭火阶段耗煤速率变化曲线示意图

在 96 h 时，CO_2 的通入导致 CO 含量出现短暂的小幅上升，而后还原反应持续衰减，单位质量煤产气量也开始骤减，该阶段前 4 h 平均单位质量煤产气量为 1.47 m³/h。

试验灭火阶段气化效率变化曲线如图 7-46 所示，该阶段前 4 h 平均气化效率为 37.93%。在该阶段前期，气化效率持续降低，但降低速度较为缓慢。在 96 h 时，气化剂参数的调整导致气化效率出现短暂波动，而后便开始迅速下降，直至归零。

7.3　气化产物变化规律研究

煤炭地下气化过程是一个先波动后稳定，活跃后再衰弱的复杂燃烧过程。从试验结果分析中可知，气化剂作为参与气化反应的主要成分之一，对气化过程的稳定性影响显著。本试验通过设计不同气化剂参数并划分不同气化阶段，来考察不同气化剂氧气浓度及注入流量对试验气化效果和气体能量回收率的影响。

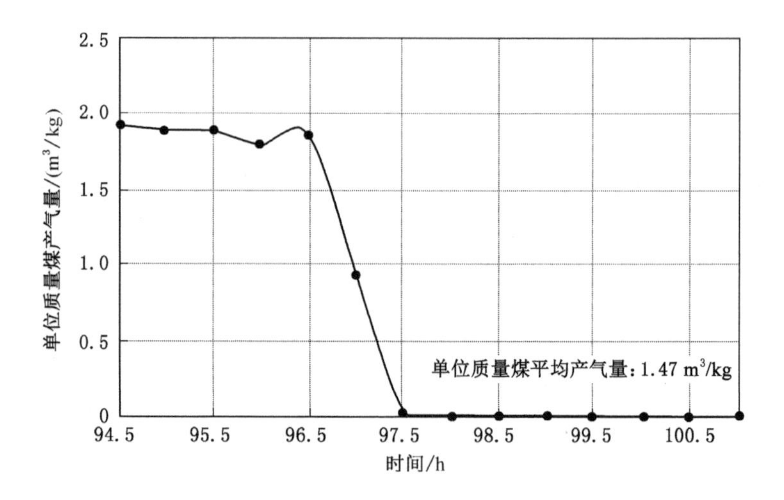

图 7-45　试验灭火阶段单位质量煤产气量变化曲线示意图

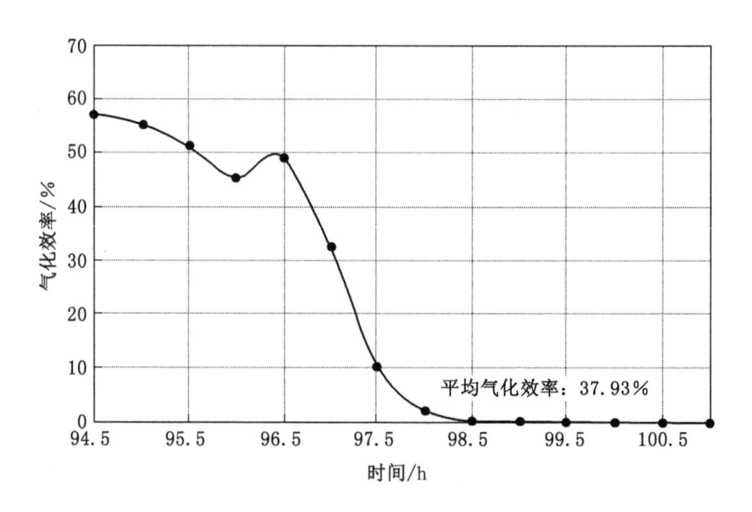

图 7-46　试验灭火阶段气化效率变化曲线示意图

在煤炭地下气化过程中，气体产物中主要可燃气体成分(H_2、CO、CO_2、CH_4)浓度变化反映了气化效果的动态演变过程。通过气化生成气热值、气体生成速率、耗煤速率、单位质量煤产气量、气化效率等评价指标对本次煤炭地下气化试验的实验结果做出总结分析。

表 7-1 给出了本试验点火阶段与第二阶段主要气化产物气体成分浓度及各能量回收评价指标平均值。从表中可以看出，与试验第二阶段相比，点火阶段的气化剂的注入，氧浓度与注气总流量较低，但产物中 H_2 与 CO 浓度较高，CO_2 浓度较低，CH_4 含量基本相同。这表明点火阶段的气化效果优于第二阶段。在前述分析中已经阐明，引起此现象的原因是在气化试验初始阶段，煤层中含有的游离水分布较为均匀，并充分参与了煤炭气化过程，提高了气化反应中还原反应的反应强度。由于试验第二阶段的气化剂注入流量大于点火阶段，鼓风量的增加使得气化剂与煤的接触面积更大，因此试验第二阶段的气体生成速率和耗煤速率相对较高，但平均气化效率较低，仅有 71.53%。这表明在气化过程不同时期，增加注气流量无法对气化效果产生促进作用。

表 7-1　点火阶段与第二阶段各试验结果指标统计表

试验阶段	气化剂注入参数	主要气化产物浓度及能量回收指标平均值								
		H_2/%	CO/%	CO_2/%	CH_4/%	热值/(MJ/m^3)	气体生成速率/(m^3/h)	耗煤速率/(kg/h)	单位质量煤产气量/(m^3/kg)	气化效率/%
点火阶段	氧浓度 50%，注入流量 2.7 m^3/h，O_2流量 1.1 m^3/h，空气流量 1.6 m^3/h	17.23	27.17	14.21	3.10	10.5	8.21	3.14	2.09	89.91
第二阶段	氧浓度 55%，注入流量 4.3 m^3/h，O_2流量 2 m^3/h，空气流量 2.3 m^3/h	13.82	19.83	23.22	3.18	9.45	8.69	4.49	1.97	71.53

表 7-2 给出了本试验第二阶段与第三阶段主要气化产物气体成分浓度及各能量回收评价指标平均值。从表中可以看出，与试验第二阶段相比，第三阶段产物气可燃成分 H_2 与 CH_4 含量降低，CO 含量上升，且气化产物气热值与气化效率都较高。这表明试验第三阶段气化效果优于第二阶段，但仍低于点火阶段。在前述分析中已知，试验第二阶段已进入气化稳定阶段，而由于气化剂中氧浓度大于第三阶段，而气化剂注入总流量低于第三阶段，表明在稳态气化过程中，在一定范围内，降低气化剂氧浓度对气化产生的弱化作用要低于升高气化剂总流量对气化反应中还原反应强度的补偿作用。

表 7-2　第二阶段与第三阶段各试验结果指标统计表

试验阶段	气化剂注入参数	主要气化产物浓度及能量回收指标平均值								
		H_2/%	CO/%	CO_2/%	CH_4/%	热值/(MJ/m^3)	气体生成速率/(m^3/h)	耗煤速率/(kg/h)	单位质量煤产气量/(m^3/kg)	气化效率/%
第二阶段	氧浓度 55%，注入流量 4.3 m^3/h，O_2流量 2 m^3/h，空气流量 2.3 m^3/h	13.82	19.83	23.22	3.18	9.45	8.69	4.49	1.97	71.53
第三阶段	氧浓度 45%，注入流量 4.7 m^3/h，O_2流量 1.5 m^3/h，空气流量 3.2 m^3/h	12.99	23.51	18.55	2.89	10.03	7.7	3.98	1.92	75.08

表 7-3 给出了本试验第三阶段与第四阶段主要气化产物气体成分浓度及各能量回收评价指标平均值。从表中可以看出，第四阶段气化剂中氧浓度与第三阶段相同，但注入总流量大于第三阶段。而第四阶段除产物气体中 CO 含量高于第三阶段外，其余主要气体成分含量和能量回收评价指标皆低于第三阶段。由前述分析可知，第四阶段处于气化中后期，气化反应已经开始衰减。0.6 m^3/h 的注气流量增量对气化反应的增强程度并不能弥补气化中后期降低的气化反应梯度。由此可知，不同气化阶段对气化反应剧烈程度的影响差异较大，应通过调整气化剂注入参数来探寻气化中后期对气化产生的消极影响。

表 7-3 第三阶段与第四阶段各试验结果指标统计表

试验阶段	气化剂注入参数	主要气化产物浓度及能量回收指标平均值								
		H_2/%	CO/%	CO_2/%	CH_4/%	热值/(MJ/m^3)	气体生成速率/(m^3/h)	耗煤速率/(kg/h)	单位质量煤产气量/(m^3/kg)	气化效率/%
第三阶段	氧浓度 45%，注入流量 4.7 m^3/h，O_2流量 1.5 m^3/h，空气流量 3.2 m^3/h	12.99	23.51	18.55	2.89	10.03	7.7	3.98	1.92	75.08
第四阶段	氧浓度 45%，注入流量 5.3 m^3/h，O_2流量 1.7 m^3/h，空气流量 3.6 m^3/h	10.87	27.46	18.28	1.87	9.81	6.64	3.83	1.84	69.31

在本试验中，将富氧-水蒸气阶段分为三个子阶段（S_1，S_2，S_3）分别对应第四阶段、第二阶段、点火阶段，通过对比不同气化剂注入参数（是否含有水蒸气）条件下气化产物、热值以及气化效率变化情况，来考察水蒸气参与气化反应对气化过程产生的影响。

表 7-4 给出了富氧-水蒸气阶段与试验前期各试验结果指标对比结果。从表中可以看出，与试验前期各阶段气化结果相比，虽然富氧-水蒸气阶段的气化产物中主要气体成分含量没有得到显著的提高，但 S1 与 S2 阶段气化效率存在小幅的上升。由前述分析可以发现，随着气化进程的推移，气化反应强度呈现出逐渐弱化的趋势。从试验第二、第三、第四阶段气化结果对比中可以看出，一定幅度上增加气化剂注入流量并不能完全弥补由气化进程推移引起的气化强度衰减。而富氧-水蒸气阶段处于试验后期，气化衰减程度更加剧烈，通过观察表 7-4 可以发现各气化产物并未出现明显下降，说明通入水蒸气对气化反应产生了较强的促进作用。且 S1 与 S2 阶段的气化效率出现小幅上涨。在 S3 阶段，由于气化剂注入流量过小，气化强度较低，气化效率出现大幅度下降。

表 7-4 富氧-水蒸气阶段与实验前期各试验结果指标统计表

试验阶段	气化剂注入参数				主要气化产物浓度及能量回收指标平均值								
富氧-水蒸气阶段	氧浓度/%	注入总流量/(m^3/h)	O_2流量/(m^3/h)	空气流量/(m^3/h)	H_2/%	CO/%	CO_2/%	CH_4/%	热值/(MJ/m^3)	气体生成速率/(m^3/h)	耗煤速率/(kg/h)	单位质量煤产气量/(m^3/kg)	气化效率/%
第四阶段	45	5.3	1.7	3.6	10.87	27.46	18.28	1.87	9.81	6.64	3.83	1.84	69.31
S1	45	5.3	1..7	3.6	10.24	28.04	16.78	1.84	9.64	7.22	3.83	1.82	69.81
第二阶段	55	4.3	2	2.3	13.82	19.83	23.22	3.18	9.45	8.69	4.49	1.97	71.53
S2	55	4.3	2	2.3	12.75	19.85	21.79	3.06	9.84	10.84	7.93	1.93	72.80
点火阶段	50	2.7	1.1	1.6	17.23	27.17	14.21	3.10	10.50	8.21	3.14	2.09	89.91
S3	50	2.7	1.1	1.6	13.52	12.55	24.37	2.63	8.40	8.31	8.46	2.01	65.78

第 8 章　燃空区发育状况

8.1　气化区的断面观察

由于气化试验的特殊性，在点火成功并开始气化后，人工煤层会进行持续的燃烧并形成气化空腔。气化空腔不仅可以反映气化过程的程度与状态，也可以用于进一步研究气化过程中煤炭的消耗量。本次试验采用断面观察法对气化产生的气化空腔进行观察，如图 8-1 所示。

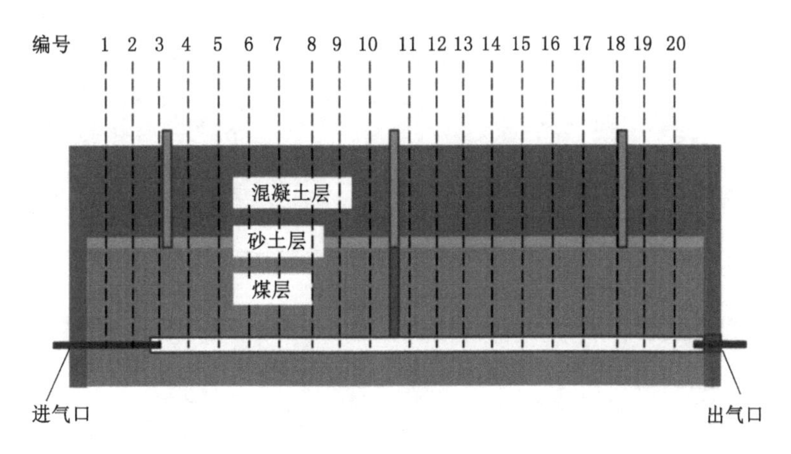

图 8-1　断面观察法示意图

本次试验开始前，对多种填充材料进行对比试验研究，选择了速溶石膏作为主要填充材料，速溶石膏在密闭环境可以实现 15～25 min 内凝固。在气化试验结束后，通过气化炉中预留的孔洞对气化区域进行注浆填充，如图 8-2 所示。

对气化空腔充填石膏后静止一段时间，等待气化腔体内填充的石膏完全凝固之后，将气化炉内胆从气化炉中取出，并进行拆卸，如图 8-3 所示。

内胆框架拆除后，对混凝土外壳进行破除(图 8-4)，之后从进气口方向以 10 cm 为单位进行垂直剖面并拍照观察。

对每一层剖面进行拍照记录，并在专业软件上进行进一步的分析处理，对剖面中的气化区域进行进一步的细化分类，以 10 cm 处的断面为例，如图 8-5 所示。

气化区断面图中[图 8-5(b)]，下面虚线区为气化区范围(包括炉渣焦化区、燃空区、垮落区与半气化区)，黑色圈所示为气化通道位置，上面长方区域为直接顶砂土层与混凝土层，不规则区域为直接顶板垮落碎块。

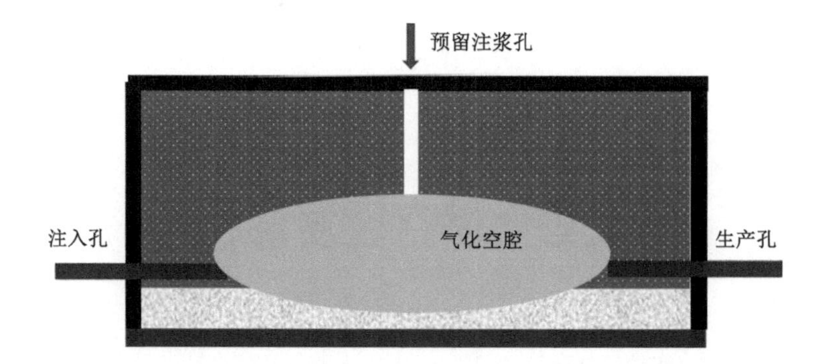

图 8-2　注浆示意图

图 8-3　试验后的气化炉内胆

图 8-4　混凝土壁破除

8.2　气化空腔的发育规律研究

对充填之后气化区域内 20 层不同位置的气化腔体刨面图像进行进一步的处理，将每一

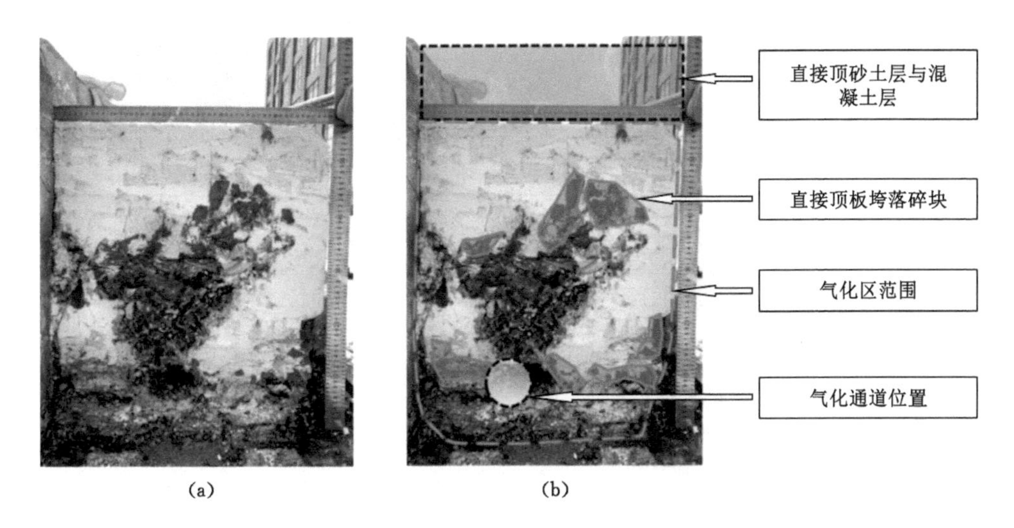

图 8-5　气化区域剖面图

层的气化区域分类辨识之后并排布在一起，即可得到气化过程产生的气化空腔的正视图。如图 8-6 所示。

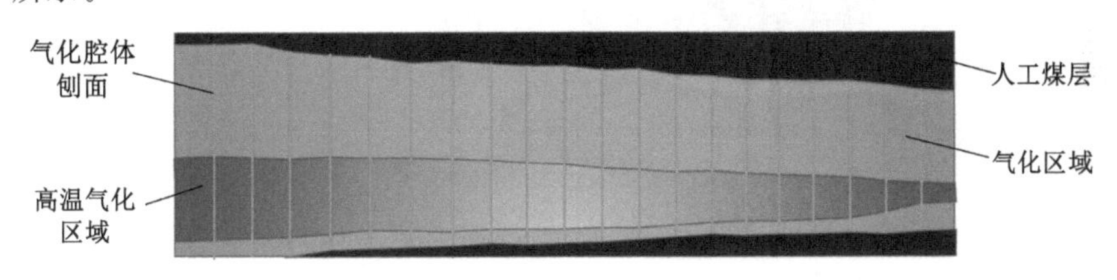

图 8-6　气化空腔示意图

图 8-6 中，上面黑色区域为未进行反应的人工煤层，其下为气化过程产生的整体气化区域（包括炉渣焦化区、燃空区与半气化区），再下为气化过程中的高温气化区域（主要为燃空区）。

8.2.1　气化空腔与温度云图对比

由于气化空腔的发育伴随着温度的变化，所以将试验得到的气化空腔图像与温度图像进行比对，温度云图如图 8-7 所示。

由于气化腔体的演化过程是连续不断的，所以综合各阶段的温度云图可以发现，气化腔体的发育与温度密切相关，当温度大于 300 ℃时，人工煤层发生反应并形成相应的燃空区，包括炉渣焦化区、燃空区与半气化区。其中气化过程中的高温区域（＞900 ℃）则会形成燃空区，若燃空区较大且顶板支撑强度较低，则会出现顶板垮落现象，并形成垮落区。

8.2.2　气化空腔与声发射震源云图对比

对气化过程中得到的各阶段震源云图进行进一步处理得到整体气化进程产生的声发射活动的云图，如图 8-8 所示。

将声发射活动震源图与剖面图进行对比可以发现，声发射活动主要集中在人工煤层中的前中部。结合剖面图分析可知，该区域的气化较为明显并且气化过程相对较为剧烈。

由此可知，对于气化过程产生的声发射活动而言，气化的程度有着很大的影响，气化较

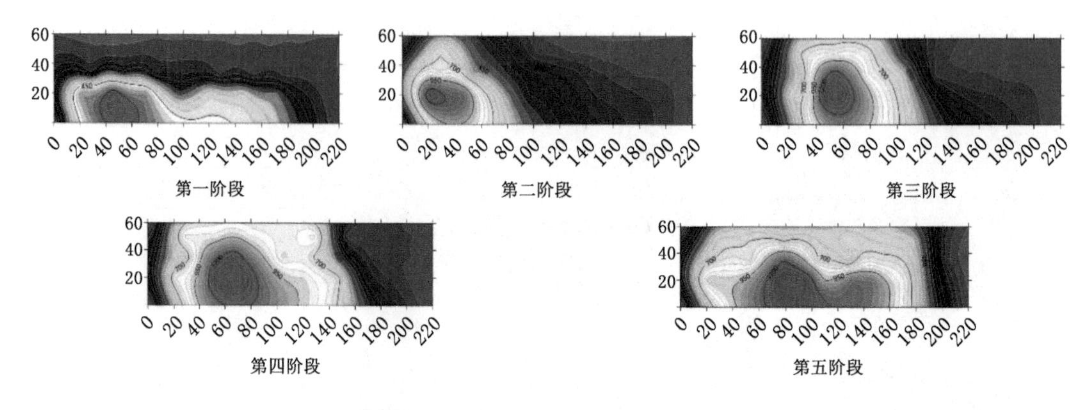

图 8-7　各阶段温度云图(单位:cm)

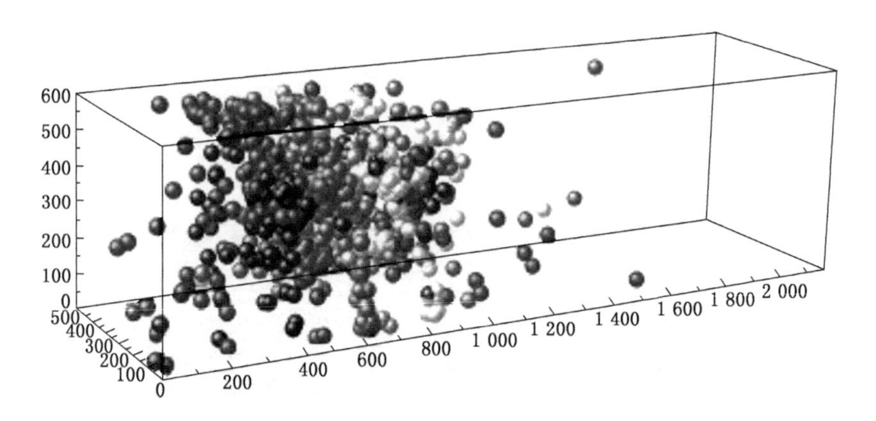

图 8-8　气化过程声发射震源图(单位:mm)

为剧烈的区域,声发射活动也较为活跃。

8.2.3　煤炭消耗量对比

在第 7 章中,采用化学元素计量法计算了各个阶段的煤炭消耗量,进行汇总后可知,整体试验的气化过程的煤炭消耗量为 377.24 kg。

本章采用石膏对气化形成的气化空腔进行充填,根据使用的石膏重量计算得出凝固之后填充的体积,结合试验中人工煤层的密度进行进一步计算可知,使用充填法计算得出煤炭消耗量为 417.35 kg。

对比两种手段研究结果发现,填充法计算得出的气化过程中煤炭消耗量与实际误差为 10.6%,所以填充法也可以作为计算气化反应中煤炭消耗的一种补充手段。

参考文献

[1] 陈石义,李乐忠,崔景云,等.煤炭地下气化(UCG)技术现状及产业发展分析[J].资源与产业,2014,16(5):129-135.

[2] 崔勇,梁杰,王张卿.煤炭地下气化过程数值模拟研究进展[J].煤炭科学技术,2014,42(1):112-116.

[3] 黄温钢,王作棠.煤炭地下气化变权-模糊层次综合评价模型[J].西安科技大学学报,2017,37(4):500-507.

[4] 梁杰.煤炭地下气化过程稳定性及控制技术[M].徐州:中国矿业大学出版社,2002.

[5] 梁杰,刘淑琴,余力,等.煤炭地下气化过程稳定控制方法的研究[J].中国矿业大学学报,2002,31(5):358-361.

[6] 刘淑琴.煤炭地下气化过程有害微量元素转化富集规律[M].北京:煤炭工业出版社,2009.

[7] 刘淑琴,董贵明,杨国勇,等.煤炭地下气化酚污染迁移数值模拟[J].煤炭学报,2011,36(5):796-801.

[8] 刘淑琴,师素珍,冯国旭,等.煤炭地下气化地质选址原则与案例评价[J].煤炭学报,2019,44(8):2531-2538.

[9] 唐朝苗,徐强,平立华,等.煤炭地下气化地质条件评价与开采技术探讨[J].中国煤炭地质,2018,30(S1):60-63.

[10] 唐芙蓉,王连国,贺岩,等.煤炭地下气化场覆岩运动规律的数值模拟研究[J].煤炭工程,2013,45(5):79-82.

[11] 席建奋,梁杰,王张卿,等.煤炭地下气化温度场动态扩展对顶板热应力场及稳定性的影响[J].煤炭学报,2015,40(8):1949-1955.

[12] 杨兰和,刘淑琴,梁杰.煤炭地下气化动态温度场及浓度场数值分析[J].中国矿业大学学报,2003(4):11-15.

[13] 杨兰和,宋全友,李耀娟.煤炭地下气化工程[M].徐州:中国矿业大学出版社,2001.

[14] 杨榛,梁杰,李秀珍.煤炭地下气化燃烧过程影响因素及控制方法[J].煤炭转化,2002,25(4):32-34.

[15] BLINDERMAN M, KLIMENKO A. Theory of reverse combustion linking[J]. Combustion and flame,2007,150(3):232-245.

[16] KHADSE A,QAYYUMI M,MAHAJANI S,et al. Underground coal gasification:a new clean coal utilization technique for India[J]. Energy,2007,32(11):2061-2071.

[17] KOSTÚR K, LACIAK M, DURDÁN M, et al. Low-calorific gasification of underground coal with a higher humidity[J]. Measurement,2015,63:69-80.

[18] LAPIDUS A L, KATORGIN B I, ELISEEV O L, et al. Hydrocarbonsynthesis from a model gas of underground coal gasification[J]. Solid fuel chemistry, 2011, 45(3): 165-168.

[19] MELLORS R, YANG X, WHITE J A, et al. Advanced geophysical underground coal gasification monitoring[J]. Mitigation and adaptation strategies for global change, 2016, 21(4): 487-500.

[20] OLKUSKI T. Alternate methods used for reduction of negative influence of hard coal onto natural environment[J]. Rocznik ochrona srodowiska, 2013, 15(1): 1474-1488.

[21] PRABU V. Integration of in situ CO_2-oxy coal gasification with advanced power generating systems performing in a chemical looping approach of clean combustion [J]. Applied energy, 2015, 140: 1-13.

[22] PRABU V, JAYANTI S. Laboratory scale studies on simulated underground coal gasification of high ash coals for carbon-neutral power generation[J]. Energy, 2012, 46(1): 351-358.

[23] RICHARDSON R J H, SINGH S. Prospects for underground coal gasification in Alberta, Canada[J]. Proceedings of the institution of civil engineers-energy, 2012, 165 (3): 125-136.

[24] SHAFIROVICH E, VARMA A. Underground coal gasification: a brief review of current status [J]. Industrial & engineering chemistry research, 2009, 48 (17): 7865-7875.

[25] SHRIVASTAVA A, PRABU V. Thermodynamic analysis of solar energy integrated underground coal gasification in the context of cleaner fossil power generation[J]. Energyconversion and management, 2016, 110: 67-77.

[26] SMOLIŃSKI A, STAŃCZYK K, KAPUSTA K, et al. Analysis of the organic contaminants in the condensate produced in the in situ underground coal gasification process[J]. Water science and technology, 2013, 67(3): 644-650.

[27] STAŃCZYK K, HOWANIEC N, SMOLIŃSKI A, et al. Gasification of lignite and hard coal with air and oxygen enriched air in a pilot scale ex situ reactor for underground gasification[J]. Fuel, 2011, 90(5): 1953-1962.

作者简介

苏发强,河南理工大学副教授,省级青年骨干教师,毕业于日本国立室兰工业大学,日本工学院(北海道)兼任讲师,主要研究方向为绿色高效煤炭地下气化技术开发、矿山压力与岩层控制等。主持国家自然科学基金面上项目 1 项,省部级项目 5 项,以及与煤炭地下气化相关的横向项目等,参与完成日本文部科学省国家基础项目两项。至今出版 30 万字英文专著 1 部,发表学术论文 70 余篇,刊载期刊包括日本能源类权威期刊(2 篇),以及 *Applied Energy*、*Fuel*、*Energy*、*Energy & Fuels*、《煤炭学报》,《采矿与安全工程学报》等,现为能源类期刊 *Energies* 编委、《煤炭学报》客座主编。获中国安全生产协会安全科技进步一等奖 1 项,煤炭工业协会科技进步二等奖 1 项、三等奖 2 项,绿色矿山科学技术二等奖 1 项,“互联网+”大学生创新创业大赛省级二等奖 2 项。获得日本 MMIJ(The Mining and Materials Processing Institute of Japan)颁发的最佳论文奖,并受邀在日本东京大学工学部作特邀报告。各种授权专利十余项。